«Wer hat die besseren Punches? Hat Lessing den fieseren linken Haken und Goethe den härteren Faustschlag? Hat Einstein die bessere Fußarbeit, und wird Newton alle auf Abstand halten?»

Annika Brockschmidt und Dennis Schulz brennen für die Wissenschaft. Während Annika, die Geschichte und Germanistik studiert hat, für Team Goethe in den Ring steigt, macht sich Dennis, der in Tieftemperaturphysik promoviert, für Team Einstein warm. Annika schreibt für den *Tagesspiegel* und *Zeit Wissen*, Dennis ist süddeutscher Vizemeister im Science Slam. Seit drei Jahren betreiben beide den Podcast Science Pie, in dem sie natur- und geisteswissenschaftliche Themen verständlich erklären.

ANNIKA BROCKSCHMIDT
vs.
DENNIS SCHULZ

GOETHES FAUST & EINSTEINS HAKEN

Rowohlt Taschenbuch Verlag

Der Kampf
der Wissenschaften

Originalausgabe
Veröffentlicht im Rowohlt Taschenbuch Verlag,
Reinbek bei Hamburg, August 2017
Copyright © 2017 by Rowohlt Verlag GmbH, Reinbek bei Hamburg
Umschlaggestaltung ZERO Media GmbH, München
Umschlagabbildung FinePic®, München
Satz aus der Pensum Pro bei
Dörlemann Satz, Lemförde
Druck und Bindung CPI books GmbH, Leck, Germany
ISBN 978 3 499 63270 9

★ Inhalt ★

★ Fight! ➤

Nehmt die Boxhandschuhe vom Haken, staubt sie ab und folgt dem Ruf der Sprechgesänge! Auf zum Wettkampf in die Arena des Wissens! Wir treten an, um eine Frage zu lösen, die seit vielen Generationen diskutiert wird und die nicht zuletzt eine Menge Menschen vor dem Beginn ihres Studiums umtreibt: Welcher Disziplin will man sich ein paar Jahre oder unter Umständen sein Leben lang widmen? Was ist besser, wer hat mehr drauf, wer ist stärker – die Geistes- oder die Naturwissenschaften?

In diesem Buch soll diese Frage endgültig geklärt werden. Ein Kampf in mehreren Runden, entschieden dadurch, wer die bessere Story erzählen kann, wer die spannendste Anekdote zu bieten hat. Im Ring trifft man sie alle: die größten Exzentriker, die besten Forschungsleistungen und die weitreichendsten Schlüsse. Wer trägt am Ende die Krone der besten Disziplin, den Meistergürtel des Wissens? Titanen wie Newton, Alexander der Große, Einstein und Shakespeare werden sich gegenüberstehen. Hier sollen Fakten wie Fäuste fliegen: Nur die härtesten Tatsachen kommen auf die Bretter, die das Verstehen der Welt bedeuten.

Wer kann sich behaupten im Kampf um den heftigsten Diss? Wer ist gewitzter und spitzzüngiger, wessen Schlagkombination bringt die Gegenseite aus dem Gleichgewicht? Können es Shakespeares Verse im Ring mit ihrer Eleganz und Kraft gegen die Relativitätstheorie aushalten, deren Verteidigung aus der äußerst geschickten Verbiegung des Raumes besteht? Kann die Mathematik wirklich etwas gegen das Reich von Alexander dem Großen ausrichten?

Die Stimmung ist aufgeheizt, die Banner sind gehisst, Sprechchöre schallen durch die Arena. Kurz bevor die Ringglocke läutet, ziehen die romantischen Feingeister mit den dramatischen Capes andere Saiten auf, lassen, was die Metrik angeht, den Hexameter Hexameter sein, und beginnen, geistreiche Sprechchöre zu brüllen. Natürlich rechnen sie sich gute Chancen aus, denn widmen sie sich nicht aufgrund ihrer Liebe zu mitreißenden Büchern, Versen, Epen und Dramen überhaupt dem Verständnis der Welt? Ist Musik nicht *der* Ausdruck von Emotion schlechthin, Literatur nicht viel komplexer als alles, was die Naturwissenschaften zu bieten haben? Gibt ein gutes Buch nicht viel mehr Zuflucht als ein paar Formeln? Die Sprachvirtuosen sind sich ihrer Sache sicher!

Ihnen gegenüber machen sich die Nerds bereit: Der Physik-Leistungskurs prostet den Historikern mit Dosenbier zu, die Chemie zündet bengalische Feuer, die Informatiker bräunen sich im Licht ihrer Laptopbildschirme – direkter Kontakt mit Tageslicht würde ja einen sofortigen Sonnenbrand nach sich ziehen. Der Fanblock ist bunt anzuschauen, denn man trägt, was morgens im Schrank ganz oben lag – wahre Schönheit ist ja ohnehin nur in mathematischen Beschreibungen der Natur zu finden. Die Mathematik ist für ihre Anhänger die schönste Ausgeburt menschlicher Kreativität – nur verständlich zu erklären ist sie leider meistens nicht.

Ein paar Meter weiter batteln sich die Metal-Fraktionen der Physiker und der Geschichtswissenschaftler. Wessen Haarpracht schimmert schöner im Moshpit? Der Kampf der Disziplinen ist immer auch ein Kampf der Eitelkeiten! Da prallen

Egos aufeinander, da kommen Minderwertigkeitskomplexe mit ins Spiel, wird mit Fäusten gefuchtelt und Geltungsbedürfnis befriedigt. Es wird trompetet, getönt, geprahlt und argumentiert, aufgeführt und aufgezählt, dass die Schwarte kracht!

Lang gehegte Fehden innerhalb der beiden Wissenschaftsfelder werden für den Moment auf Eis gelegt. Die Mathematiker, sonst nur spöttisch bereit, sich mit Physikern abzugeben – ungenaue Wissenschaft! –, und eben jene verbünden sich auf einmal. Die Physiker, die soziale Interaktion meist als notwendiges Übel ansehen und vor Facharroganz strotzen, besinnen sich heute allein auf den Kampf. Niemand kommt unvorbereitet. Die Chemiker haben einige Substanzen aus ihren Laboren mitgebracht, um den Gegnern die Sinne zu vernebeln. Auch die theoretischen Physiker haben ihre schärfste Waffe dabei, einen gut gespitzten Bleistift, den sie hinter dem Ohr tragen, dazu einen Radiergummi und einen Stapel weißes Papier. Gestern brachte die Riemannsche Vermutung sie noch um den Schlaf, heute aber sind alle Augenringe egal. Denn sie sind überzeugt: Alle Probleme dieser Welt kann man mit Zahlen und Modellen lösen! Dieser Kampf kann also eigentlich gar nicht zu verlieren sein. Die «Laberfächer» sind vielleicht ganz nett, aber doch keine «echte» Wissenschaft. Werden nicht Biologie- oder Informatikstudenten deswegen nur äußerst selten gefragt: «Und was willst du damit mal machen? Taxifahrer?»

Die Deutsch- und Englischcracks hingegen reagieren, wenn überhaupt, nur noch stoisch auf solche von Unwissenheit und Ignoranz triefenden Nachfragen. Jeder weiß ja, wie die drauf sind: Geisteswissenschaftler, das sind doch die, die nicht mit Zahlen können, oder? Die, die immer schon gut palavern konnten und sowieso den ganzen Tag nur in ihrem Elfenbeinturm sitzen, dicke Wälzer lesen und sich Gedanken über Zeug machen, das eh niemand im Alltag braucht, ohne dabei wenigstens so nützliche Dinge wie die Glühbirne zu erfinden.

Widmen wir uns auch hier den Untergruppen: Da wäre einmal der Philosophiestudent, der jedes fachfremde Seminar zum Stöhnen bringt, weil seine Wortmeldungen immer aus fünfminütigen Monologen bestehen, die meist nur äußerst entfernt etwas mit dem Seminarthema zu tun haben. Der Ethnologiestudent, den man schon von weitem riecht oder an seinen gebatikten Klamotten erkennt, der Althistoriker, der seine Zeit am liebsten mit Papyri verbringt und mit diesen auch weit besser kommuniziert als mit Menschen. Dann der Geschichtsprofessor im Tweedanzug, der die Nase oben trägt und darauf besteht, dass er gesiezt wird, auch wenn das in allen anderen Instituten längst anders ist. Der Romanist, der mit den Anglisten auf Kriegsfuß steht (warum, weiß eigentlich keiner mehr so genau), der Theaterstudent, der das Drama auch im eigenen Leben sucht. Aber ist eine Disziplin, die nicht versucht, alles auf bloße Zahlen zu reduzieren, nicht die viel schönere Wissenschaft? Die Geschichtswissenschaft enthüllt große Zusammenhänge, die niemand sonst sehen kann, und die Literaturwissenschaft bringt kluge Gedanken, akribische Analysen und eine Weitsicht mit sich, die man durch kein noch so riesiges Experiment erreichen könnte. Die besten Ideen der Menschheitsgeschichte haben doch die Geisteswissenschaften hervorgebracht, und die interessantesten Persönlichkeiten sowieso. Wie also sollen die Naturwissenschaften dagegen ankommen?

Dieses Buch versammelt zwei Trainer, die ihr Aufgebot an Kämpfern für dieses epische Duell sorgfältig ausgewählt haben. Dennis postiert sich auf der Seite der Naturwissenschaften und durchlief die lange Physiker-Trainerausbildung. In der anderen Ecke des Rings steht Annika, Spezialistin der gedruckten Buchstaben – und für die Vergangenheit, für das kulturelle Gedächtnis. Die Stunden, die sie vor Buchseiten verbracht hat, zwischen Urkunden, Inschriften, Chroniken, Dramentheorie und Gedichten, sind mit Zahlen nicht aufzuwiegen – Geschichte und Germanistik sprengen jede Skala.

Beide brennen für die Wissenschaft, ohne Frage. Und alle Geister, die sie riefen, sind gekommen. Man kennt einige der Sparringspartner, die sich gerade am Rand des Rings warm laufen. Altbekannte Stars mit zerzaustem Haar stretchen ihre knackenden Hüften, und etwas verwirrt ins Rampenlicht blinzelnde, unbekannte Neulinge, die sich noch an die Aufmerksamkeit gewöhnen müssen, hüpfen nervös auf und ab. Etwas abseits stehen die, die sich weigern, ins Rampenlicht gezogen zu werden, die es sich aber doch nicht nehmen lassen wollten, zu kommen. Die Spannung ist greifbar, die Luft wie elektrisiert.

Nun legt sich Stille über die Ränge. Wer wird der unparteiische Ringrichter sein, wer wird entscheiden, wie es heute ausgeht? Die Leserin, der Leser! Erlaubt ist, was gefällt – und vor allem, was überzeugt. Wer hat die besseren Punches? Hat Lessing den fieseren linken Haken und Goethe den härteren Faustschlag? Hat Einstein die bessere Fußarbeit, und wird Newton alle auf Abstand halten? Wer wird k. o. gehen? Wer hat am Ende des Kampfes, wenn die Glocke das letzte Mal läutet, die meisten Punkte? Viel Spaß beim Zuschauen – auf in den Kampf!

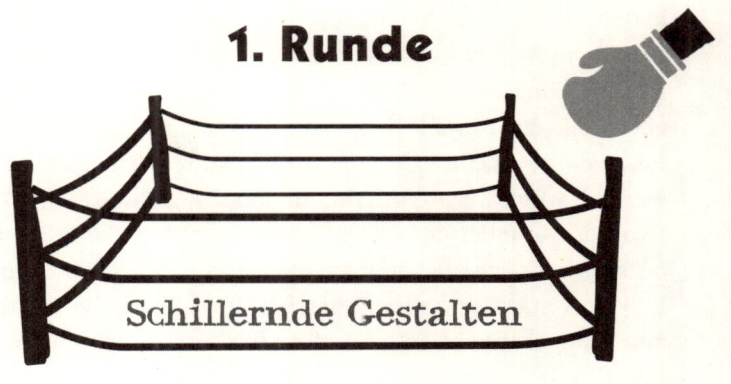

1. Runde

Schillernde Gestalten

Bissige Naturforscher,
★ wortlose Mathematiker und ★
Drogen aus der Plastiktüte

Die Wissenschaften sind voll von exzentrischen Figuren. Aber die großen Namen, die man kennt, zitiert und schätzt, sind viel zu häufig Künstler, Geisteswissenschaftler, Schreiberlinge. Dabei ist das Potenzial für Exzentrik in den Naturwissenschaften enorm groß. Selbst Oscar Wilde muss sich warm anziehen, sobald Physiker, Chemiker und Konsorten die gesellschaftlichen Normen in die Schranken weisen!

Mein erster Kandidat, Paul Erdős, tänzelt im Mathematikerleibchen – dem abgewetzten Jackett – durch den Ring. 1913 in Budapest geboren, ist er sträflicherweise außerhalb der Mathematik noch immer kaum bekannt – dabei lebte er im Grunde die mathematische Version eines Jack-Kerouac-Romans. An die sechzig Jahre seines Lebens reiste er von Mathematikinstitut zu Mathematikinstitut – sein komplettes

Hab und Gut in einem schäbigen, halbleeren Koffer verstaut, in dem sich ein bisschen Kleidung und sein riesiges Radio befanden. Er klopfte – mal angekündigt, mal unangekündigt – an die Türen verschiedener Größen des Faches, nistete sich eine Weile ein, um mit ihnen zu arbeiten. Das Ergebnis: über 1000 Veröffentlichungen. Noch sieben Jahre nach seinem Tod wurden Artikel veröffentlicht, die ihn als Mitautor nannten. Denn er war einer der wenigen Mathematiker, die selbst im hohen Alter noch unermüdlich die Forschung vorantrieben.

Wenn man Mathematik betrieb, eines Tages die Tür öffnete und Erdős davorstand, eine hagere, hochgeschossene Gestalt mit blauen Augen hinter einer großen Brille, und wie üblich verkündete: «My brain is open» – dann hatte man wohl gemischte Gefühle. Fachlich konnte man sich einiges erwarten – eine Vielzahl von Mathematikern hob für seinen Besuch extra spezielle Probleme auf. Privat glich Erdős' Ankunft aber wohl eher einem K.-o.-Schlag. Drei, vier Stunden Schlaf pro Nacht genügten ihm. Der Mathematiker Mike Plummer erinnerte sich daran, bis ein Uhr nachts mit ihm über Problemen gesessen zu haben. Nur dreieinhalb Stunden später, um halb fünf, weckte ihn das Zusammenschlagen von Töpfen in seiner Küche – Erdős teilt ihm mit, dass er jetzt ausgeruht sei und weiterrechnen wolle. Als Plummer sich um etwa sechs Uhr aus dem Bett quälte, wurde er in der Küche nicht mit einem «Guten Morgen» begrüßt, sondern mit den Worten: «Nehmen wir an, dass n eine ganze Zahl ist …»

Nichtmathematiker, «triviale Wesen», wie Erdős sie nannte, hielt er aus seinem Leben heraus. Sowieso pflegte er eine ganz eigene Weltsicht: Menschen wurden nicht geboren, sondern «kamen an» und «verschwanden», statt zu sterben. Das Wort «sterben» verwendete er, wenn jemand aufhörte,

Mathematik zu betreiben. Männer waren «Sklaven», Frauen «Bosse»: Wer verheiratet war, war «gefangen». Auch das Wort «Gott» benutzte er nicht – «SF» nannte er das übersinnliche Wesen, kurz für «Supreme Fascist». Dieser Über-Faschist, fand Erdős, bestrafe ihn viel zu häufig: Er ließ seinen Pass verschwinden, plagte ihn mit Erkältungen oder besaß empörenderweise ein Buch mit den elegantesten Beweisen der Mathematik, ohne es irgendjemandem zu zeigen.

Erdős war ein Fisch im Meer der Mathematik. Kein Wunder, dass er nicht aus diesem Wasser kommen wollte. Sein erstes Butterbrot schmierte er sich mit 21 Jahren. Seine Mutter begleitete ihn einige Zeit auf allen seinen Reisen. Nach ihrem Tod, der Erdős zutiefst betrübte, kümmerte sich ein bekanntes Mathematiker-Ehepaar um ihn: Fan Chung und Ronald Graham organisierten seine Korrespondenz – über 1000 Briefe pro Jahr –, seine Reisen und bauten sogar ihr Haus aus, um Erdős ein eigenes Schlafzimmer mit Bibliothek zu bieten. Gastgeber Graham und Gast Erdős müssen eine eigenartige Paarung gewesen sein – während Erdős stundenlang sitzen konnte, war Graham ein begabter Sportler, der mitten in mathematischen Diskussionen in den Handstand sprang, einige gute Ideen während seiner Saltos auf dem Trampolin hatte und sein Büro gern auf Pogo-Stöcken durchquerte.

Erdős' unerschöpfliche Energie, sein anscheinend stets leistungsfähiger Geist waren übrigens nicht nur natürlich gegeben, sondern entsprangen auch seinem Drogenkonsum: Benzedrin und Ritalin waren Treibstoff seiner neunzehn Stunden Mathematik pro Tag. Natürlich machten sich seine Freunde Sorgen – und boten Erdős eine Wette an: 500 US-Dollar, wenn er einen Monat ohne seine Drogen auskäme. Er nahm an und war erfolgreich. Aber sobald der Monat um war, fing er sofort wieder an. «Ich bin jeden Morgen aufgestanden», sagte er, «um auf ein weißes Blatt Papier zu starren. Ich hatte keine Ideen, genau wie eine normale Person.» Zu dem Freund, der ihm die Wette angeboten hatte, sagte er: «Du hast die Mathematik um einen Monat zurückgehalten.»

Das Geld, das er aus der Wette erhielt, behielt er wohl nicht für sich: Er spendete viel für Zwecke, die ihm sinnvoll schienen, unter anderem an Radiosender für klassische Musik oder eine entstehende Bewegung von Ureinwohnern. Als er von den 50 000 Dollar Preisgeld des angesehenen Wolf Prize alles bis auf 720 Dollar spendete, kommentierten einige seiner Freunde, dass das für ihn immer noch eine Menge Geld sei.

Eine ähnlich eigenartige Paarung wie Graham und Erdős waren die Nobelpreisträger für Physik des Jahres 1933. Erwin Schrödinger und Paul Dirac wurden für ihre Arbeiten zur Quantenmechanik ausgezeichnet. Während sie im selben Gebiet forschten, hätte ihr soziales Verhalten kaum unterschiedlicher sein können. Schrödinger war ein bekannter Womanizer, der Partys liebte und eine offene Beziehung führte, Dirac hingegen, das nächste Schwergewicht im Ring, war sozial wirklich ein ganz harter Brocken. An seiner fachlichen Kompetenz ist nicht zu zweifeln. Immerhin war er mit 31 Jahren einer der jüngsten Nobelpreisträger überhaupt, war Mitbegründer der Quantenphysik; eine ganze Reihe seiner Beiträge hallen bis heute nach. Unter anderem sagte er die Existenz von Antimaterie voraus. Viele sehen ihn auf einer Stufe mit Einstein, trotzdem ist er weitgehend unbekannt geblieben. Warum?

Während andere sich ins Rampenlicht drängten, drängte er sich hinaus. Er war allgemein bekannt als distanzierter, kalter, zurückhaltender Mensch. Selbst seinen verschrobensten Kollegen war er nicht ganz geheuer. Einstein bemerkte: «Ich habe Probleme mit Dirac. Dieses Balancieren auf dem schwindelnden Grat zwischen Genie und Wahnsinn ist schrecklich.» Dirac selbst führte sein Verhalten häufig auf seinen hochautoritären Schweizer Vater zurück. Dieser erteilte ihm schon am Frühstückstisch – abgesondert vom ganzen Rest der Familie – Französischstunden. Schon beim kleinsten Grammatikfehler wurde dem kleinen Dirac der nächste Wunsch, den er äußerte, verwehrt. Das Kind reagierte, indem es gar nicht mehr redete. Eine Angewohnheit, die ihn auch noch als Erwachsenen auszeichnen sollte. «Er würde», so wurde er später von dem Biographen Graham Farmelo beschrieben, «nicht ein Wort benutzen, wo auch keines ausreichend war.» Niels Bohr, der berühmte dänische Physiker und späterer enger Freund von Dirac, grummelte: «Dieser Dirac scheint eine Menge von Physik zu verstehen, aber sagt kein Wort.» Seine Kollegen in Cambridge definierten für die kleinste Anzahl an Worten, die man in Gesellschaft sagen könnte – eines pro Stunde –, die Einheit «1 Dirac». Er beschränkte sich, wenn möglich, auf Antworten wie «Ja», «Nein» oder – maximal – «Das ist mir egal».

War irgendwo ein offizielles Foto angekündigt, verschwand er gern oder versteckte sich in einer der hinteren Reihen. Als er sich einmal bei einem Treffen nicht entziehen konnte, schaute er nicht etwa in die Kamera, sondern studierte konzentriert eine wissenschaftliche Zeitschrift. Dennoch sind auch einige seiner Vorlieben überliefert: Er pflegte eine Liebe zur klassischen Musik und, später, zu Cher. Seine Begeisterung für die amerikanische Sängerin war so groß, dass er einen zweiten Fernseher kaufte, um einen Ehestreit zu vermeiden. Seine Frau wollte unbedingt die Oscar-Verleihung sehen, gleichzeitig lief aber ein Cher-Konzert.

Nun aber, meine Damen und Herren, macht sich mein absoluter Favorit für den Ring warm. Charles Waterton, überragender Naturforscher und Tierpräparator, geboren 1782, gestorben 1865, hat das Zeug zum Publikumsfavoriten. Er liebte die Natur über alles und hatte im Gegensatz zu den bisherigen Kandidaten einen Hang, seine Exzentrik wie ein Schild vor sich her zu tragen. Hüte waren zu seiner Zeit gerade besonders in Mode – also trug er keinen. Lange Haare waren angesagt, er schnitt seine kurz. Er war bekannt dafür, sich als Butler zu verkleiden und seine Gäste mit der Kohlebürste zu kitzeln oder tagelang verkleidet in der Rieseneiche seines Parks zu sitzen, in aller Geduld die Gewohnheiten seltener Vögel zu beobachten oder aus dem Nest gefallene Küken wieder zurückzusetzen. Schon zu Schulzeiten begann er seine Ausflüge ins Grüne. Die Jesuiten-Schulleiter entschieden sich dazu, seine Angewohnheiten nicht zu bekämpfen, ganz im Gegenteil: Sie ernannten ihn zum offiziellen Rattenfänger, Fuchshäscher, Mardertöter. Außerdem wurde er damit beauftragt, die Armbrüste zum Jagen mit Pfeilen zu beladen.

Die Partys, die er später in seinem Haus in der englischen Pampa gab, waren denkwürdig: Um seine Gäste von den Vorteilen des Barfußlaufens zu überzeugen, kratzte er sich bei Tisch gern mit seinen Zehen am Kopf – und das im Alter von über 70 Jahren! Zu seinen typischen Gästen gehörten protestantische Priester genauso wie Insassen der nahe gelegenen psychiatrischen Klinik. Einen seiner guten Freunde begrüßte er, indem er sich unter dem Tisch versteckte, von dort das Bellen eines Hundes nachahmte und ihn schließlich ins Bein biss.

Aber Waterton konnte auch wütend werden. Zum Beispiel, wenn man seine Bahia-Kröte, der er gern gut zusprach und den Kopf streichelte, beleidigte. «Dass ein Gentleman», so schrieb er, fähig sei, die Kröte ruchlos als «garstiges Vieh» zu bezeichnen, «war genug, um mich für eine ganze Woche zu verstimmen.» Die Natur erwiderte seine Liebe: Als ein als besonders brutal geltender Orang-Utan im Zoo gezeigt wurde, verlangte Waterton Zugang zum Käfig. Er trat ein, blickte Richtung Orang-Utan, der Orang-Utan blickte zurück – und es war Liebe auf den ersten Blick: Küsse wurden getauscht, Umarmungen fanden statt, und Forscher und Affe untersuchten gegenseitig Zähne, Hände und Haare.

Es ist also nur fair, dass der wunderschöne, abgelegene Waterton-Lakes-Nationalpark in Kanada seinen Namen trägt. Waterton bricht das Bild des kühlen, rationalen Denkers auf, er ist ein Naturwissenschaftler mit Herz und Verstand. Zwar sind einige der Geschichten über ihn schwer belegbar, aber das mindert nicht den großen Reiz, der von ihm ausgeht.

Exzentriker findet man übrigens auch unter noch lebenden Wissenschaftlern. Der Mathematiker und Zahlenjongleur Grigori Jakowlewitsch Perelman verkörpert, ähnlich wie Paul Dirac, einen extrem introvertierten Menschentyp, der sich wenig um soziale Normen schert. Und trotzdem hat alle Welt versucht, aus ihm einen Star zu machen. Aber der Reihe nach.

Grigori Perelman arbeitete zehn Jahre am Steklow-Institut in Sankt Petersburg, ohne dass er über die engen Grenzen seiner Unterdisziplin besonders bekannt geworden wäre. Wenige wussten überhaupt von seiner Existenz. Er besaß unter allen Wissenschaftlern des Instituts den niedrigsten akademischen Grad und veröffentlichte kaum in angesehenen Zeitschriften. Im normalen Wissenschaftsbetrieb verliert man so ganz leicht seine Stelle – Perelman aber wurde mit anderen Maßstäben gemessen. Man ließ ihn arbeiten, da jeder im Institut um sein ungewöhnliches Talent wusste.

Zu dieser Zeit veröffentlichte das *Clay Mathematics Institute*, eine private Stiftung aus Cambridge, Massachusetts, sieben mathematische Probleme und setzte auf ihre Lösung jeweils ein Preisgeld von einer Million Dollar aus. Die Probleme galten als die großen Gipfel, die noch niemand in der Mathematik bestiegen hatte – und bei denen es fraglich war, ob sie überhaupt in den nächsten hundert Jahren lösbar wären. An einem dieser Probleme arbeitete Grigori Perelman bereits seit einigen Jahren: der sogenannten Poincaré-Vermutung (1904 von Henri Poincaré aufgestellt). Sie besagt, dass jedes geometrische Objekt, das kein Loch hat, zu einer Kugel umgeformt werden kann – insbesondere eine zweidimensionale Fläche im dreidimensionalen Raum oder eine dreidimensionale Oberfläche in einem vierdimensionalen Raum. Bisher hatte kein Mathematiker eine Lösung präsentieren können, deswegen wähnte sich auch die Clay-Stiftung zumindest für ein paar Jahre in Sicherheit. Aber nur zwei Jahre nach der Auslobung der Preise war Perelman am Ziel: Er veröffentlichte den kompletten Beweis in drei Teilen 2002 und 2003. Ein Beweis, der so komplex war, dass die Überprüfung vier ganze Jahre dauerte.

Am Ende stand fest: alles korrekt. Perelman hatte vermutlich auch diese Lösung mit einer Version seines ganz persönlichen Rituals entwickelt: Nach dem Lesen der Fragestellung lehnte er sich mit geschlossenen Augen zurück, fing an, seine Handflächen immer fester an seinen Hosenbeinen zu reiben, rieb schließlich seine Hände aneinander, öffnete seine Augen und schrieb eine exakte und komplette Lösung nieder. Fehler unterliefen ihm nie. Bei komplexeren Problemen summte er leise vor sich hin – eine Melodie, die nach eigener Aussage das Musikstück *Introduction und Rondo Capriccioso* von Camille Saint-Saëns war, von seinen Kameraden aber als «Jaulen» und «akustischer Terror» beschrieben wurde. Der Beweis der Poincaré-Vermutung war eine Sensation, aber ein Star wollte Perelman nicht werden. Er lud seinen Beweis lediglich auf eine Internetseite hoch und wies per Mail einige wenige sorgfältig ausgewählte Kollegen darauf hin. Natürlich blieb seine Arbeit nicht dem kleinen Kollegenkreis vorbehalten. Als der Welt klarwurde, was geschehen war, konzentrierte sich alle Aufmerksamkeit auf Perelman. Er hätte jede Position an jeder Uni haben können, die Mathematik trug ihm die renommierte Fields-Medaille an. Das Clay Mathematics Institute wollte ihm die versprochene Million überweisen, inklusive einer Vortragsveranstaltung, die den Beweis und ihren Schöpfer feiern sollte. Das alles interessierte Perelman nicht. Interviews verweigerte er, er wollte nichts über sich in der Zeitung lesen. Er brach den Kontakt zu Kollegen ab, die sich über ihn äußerten. Die Million ließ er sich nicht auszahlen, die Fields-Medaille nahm er nicht an.

Vermutlich hätte er mehr Ruhe gehabt, wenn er die Ehrungen angenommen hätte. Die Geschichte des kauzigen Mathematikers in seinem kleinen Büro in Sankt Petersburg schlug die russische Boulevardpresse in ihren Bann. Perelman zog sich noch weiter zurück, betrieb keine Mathematik mehr und suchte die vollkommene Isolation. Er lebt bei seiner Mutter und spielt laut Hörensagen zeitweise Tischtennis gegen eine Wand.

Ob das nun der Knockout ist oder eher ein Befreiungsschlag – das kann jeder für sich selbst entscheiden. Die Naturwissenschaftler haben jedenfalls, das konnte wohl gezeigt werden, einiges zu bieten, wenn es um die größten Exzentriker geht.

Exzentriker bevölkern die heiligen Hallen der Geisteswissenschaft traditionellerweise sehr zahlreich. Schriftsteller, Musiker, Könige, Künstler – viele unter ihnen waren anders als der Rest. Manchmal ging das gut, oft aber auch nicht. Die Grenzen zwischen Exzentrik und Wahnsinn können fließend sein, daher sollten wir unsere Perspektive wechseln: Meist wird die Andersartigkeit von Exzentrikern als etwas zu Begaffendes dargestellt – vielleicht sollten wir stattdessen differenzierter betrachten, was sie denn so anders gemacht hat.

Während auf der gegnerischen Seite nur Forscher ihre Schwinger austeilen, steht bei uns der Stoff der Geschichte selbst auf den Brettern. Klar, schräge Forscher machen Spaß, aber das Bild vom schrulligen Literaturprofessor dürfte eher abgenutzt als erheiternd sein. Darum wenden wir uns lieber den Sujets dieser Professoren zu, den Menschen, die selbst zum Forschungsgegenstand geworden sind. Sie bilden ein unkonventionelles Team, das für die Gegner in der anderen Ecke des Rings schwer einzuschätzen sein dürfte.

Weil jeder Boxkampf auch von der Show lebt, schicken wir zuerst Oscar Wilde (1854–1900) in den Ring. Der erste Dandy überhaupt, heute als Literaturgröße gefeiert, eckte im viktorianischen England ordentlich an. Wilde war bekannt, gefeiert und gefürchtet für seinen schwarzen Humor und beißenden Spott. Noch dazu trat er als besonders auffällige, schillernde Gestalt auf. In seinem Essay *The Philosophy of Dress* schreibt er: «Mode ist nur eine Form der Hässlichkeit, die so unerträglich ist, dass wir sie alle sechs Monate ändern müssen!» Konsequenterweise trug er Samtjacketts, dekadente Pelzmäntel, Hüte in jeder Form und Höhe, Kniestrümpfe und beschleifte

Schuhe à la Ludwig XIV. Außerdem gemusterte Halstücher, raffinierte Gehstöcke, Pfauenfedern und Capes, darüber die wallende dunkle Haarmähne.

Wilde war ein Unterstützer der *Victorian Dress Reform*-Bewegung, die praktischere Kleider für Frauen forderte – weg von den einschnürenden Korsetts. Für Wilde waren Geschlechter fließend: Er zog an, was er wollte und wie er es wollte – was nicht jedem gefiel. Und auch zur Innendekoration hatte er eine Meinung (wie eigentlich zu allem): «Diese Tapete wird mein Tod sein – einer von uns beiden muss gehen.» Vermutlich war das das Ende der Tapete.

Mit Büchern wie *Bunbury oder Ernst sein ist alles* und *Das Bildnis des Dorian Gray* gewann er zwar literarisch Anerkennung, aber seine Werke brachten ihm auch eine Menge Empörung ein. Wilde ist heute noch bekannt für seine knackigen, vor Dekadenz strotzenden Zitate: «Es ist eine sehr traurige Sache, dass heutzutage so wenig sinnlose Informationen verfügbar sind.»

Nun, wenn's nur darum geht, hätte es ihm in unserer heutigen Zeit bestimmt gut gefallen (ich sage nur: Buzzfeeds Katzen auf Glastischen!). Wildes Markenzeichen – seine linke Gerade sozusagen – waren feinsinnige Beobachtungen von federleichter Eleganz, verpackt in böse Seitenhiebe (was uns Perlen wie «Arbeit ist der Fluch der trinkenden Klassen» eingebracht hat). Außerdem ranken sich einige spleenige Anekdoten um dieses literarische Genie. So soll er beispielsweise angeblich eine Nacht lang an der Seite einer Schlüsselblume gewacht haben, weil sie ihm krank erschien.

Andere Aspekte seines Lebens waren allerdings deutlich weniger komisch. Wilde war mit Constance Lloyd verheiratet, die beiden hatten zwei Kinder. Sein Herz schlug jedoch für Männer. Wildes Homosexualität führte zum Skandal – obwohl seine sexuelle Orientierung ein offenes Geheimnis war. Seine Beziehung mit dem jungen Lord Alfred Douglas flog auf – Wilde drohte dafür eine Gefängnisstrafe. Douglas' Vater, der Marquess of Queensberry, dem diese Affäre sehr missfiel, hatte großen Anteil an ihrer Aufdeckung.

Wilde tat nun etwas sehr Mutiges und zugleich sehr Gefährliches: Er verklagte Queensberry wegen Rufmord und brachte die ganze Angelegenheit 1895 damit erst vor Gericht. Queensberrys Anwalt Carson nahm unseren Schriftsteller im Kreuzverhör auseinander – hier wurde Wilde sein legendärer Witz zum Verhängnis. Carson zitierte aus Wildes literarischem Werk, unter anderem aus *Dorian Gray*, um Wildes homosexuelle Neigungen zu beweisen. Wilde verlor vor Gericht. Die Affäre wurde durch den Prozess aktenkundig und seine Homosexualität somit öffentlich, außerdem war er durch die Kosten finanziell ruiniert. Die Katze war nun ganz offiziell aus dem Sack – und die Räder der puritanischen Justiz kamen quietschend ins Rollen.

Wilde wurde wegen «grober Unanständigkeit» angeklagt und schließlich zu zwei Jahren «hard labour» verurteilt. Nach dem Absitzen seiner Strafe nahm er ein Schiff nach Frankreich und kehrte nie wieder nach England oder in sein Geburtsland Irland zurück. Wildes Mut und seine Beharrlichkeit machen ihn zu einem Kämpfer für die Literaturwissenschaft, der so schweigsame Gegner wie Dirac mit seinen Bonmots ganz schön zum Schwitzen bringt.

Wilde räumt nun den Ring für einen weiteren Anwärter auf den Titel des größten Exzentrikers, der schon seine seidenen Boxhandschuhe schnürt: Ludwig II. von Bayern (1845–1886). Über Ludwig ist viel geschrieben worden, manches ist wahr, manches erfunden. Er wurde als Verschwender bezeichnet, als Herrscher, der gar keiner sein wollte – jedenfalls nicht im realen Sinne, sondern irgendwo in seiner Tafelrundentraumwelt. Wie das immer so ist mit besonderen Figuren – über sie wird viel geredet. Ludwig war nie sonderlich interessiert an militärischen Dingen. Stattdessen ist seine ausgeprägte Phantasie überliefert, seine Vorliebe für Theater und seine Großzügigkeit. Er wurde jung König – mit nur 18 Jahren bestieg er 1864 den Thron.

Der «Märchenkönig» liebte den Komponisten Richard Wagner – und alles, was auch nur im Entferntesten mit dem Sagenkreis um König Artus und seine Ritter der Tafelrunde zu tun hatte. In diesen Phantasien war noch alles in Ordnung, der König war eine mächtige, mythische Gestalt. Die Realität sah ganz anders aus. So hatte Ludwig nach dem verlorenen Krieg 1866 gegen Preußen ein «Schutz- und Trutzbündnis» mit den Siegern schließen müssen. Er verlor damit die Macht über seine Armee im Kriegsfall – fatal, denn ein König ohne Heer ist kein wirklicher Herrscher mehr. Es wird klar, was Ludwigs Schlössertraumwelt war: eine Flucht aus der Realität.

Auf den Ruinen der Burg Hohenschwangau ließ Ludwig sein Traumschloss Neuschwanstein errichten. In einem Brief an Richard Wagner schrieb er: «Ich habe die Absicht, die alte Burgruine Hohenschwangau bei der Pöllatschlucht neu aufbauen zu lassen im echten Styl der alten deutschen Ritterburgen, und muss Ihnen gestehen, dass ich mich sehr darauf freue, dort einst [...] zu hausen [...] Sie werden sich rächen, die entweihten Götter, und oben weilen bei Uns auf steiler Höh, umweht von Himmelsluft.»

Und tatsächlich mutet Neuschwanstein an wie ein Schloss aus einer Sagenwelt. Es gibt Wandgemälde mit den Zyklen um

Sigurd, Gudrun, Parzival, Lohengrin, Tristan und Isolde sowie Tannhäuser, die auch von Wagners Opernbearbeitungen dieser Erzählungen inspiriert sind. Besonders Lohengrin, der Sohn Parzivals und Gralsritter, hatte es Ludwig angetan. Er fühlte sich dem mythischen Lohengrin schon dadurch verbunden, dass sowohl dieser als auch sein eigener Vater Maximilian II. wie die Herren von Schwangau den Schwan als Wappen führten.

Ludwigs Bedürfnis zum Rückzug in eine Traumwelt wurde immer stärker. Ab 1875 schlief er tagsüber und lebte nur noch nachts. Neuschwanstein war seine Gralsburg und er selbst der Gralsritter. In der Dunkelheit bereiste Ludwig in prachtvollen Kutschen und Bahnen sein Traumreich und unternahm – möglich gemacht durch modernste Technik – Fahrten in der Schwanenbarke auf dem See. Zudem hatte er etwas für Grotten übrig – er ließ sich in seine Wohngemächer sogar eine künstliche Tropfsteinhöhle einbauen.

Diese Extravaganzen gingen nicht lange gut. Zwar hatte seine Technikfaszination auch positive Auswirkungen – er gründete 1868 die «Königliche Polytechnische Hochschule», die heutige TU München –, aber seine Baubegeisterung steigerte sich zur Besessenheit. 1886 war Ludwigs Kasse leer: Seine Schulden waren private, nicht die des Königreichs Bayern.

Mit Hilfe eines Gutachtens (der Gutachter hatte ihn nie getroffen, mit dementsprechender Vorsicht ist das Schriftstück zu sehen) wurde er entmündigt. Das Gutachten stellt fest: «Seine Majestät sind in sehr fortgeschrittenem Grade seelengestört und zwar leiden Allerhöchstdieselben an jener Form von Geisteskrankheit, die den Irrenärzten wohl bekannt mit dem Namen Paranoia (Verrücktheit) bezeichnet wird.»

Ludwig wurde von der Regierung abgesetzt und zunächst

in Schloss Neuschwanstein interniert. Ein König, eingesperrt in seinem eigenen Schloss? Klingt nach dem Stoff, aus dem Märchen gemacht sind. Für Ludwig gab es allerdings keine sagenhafte Rettung mehr. Man fand ihn am Pfingstmontag 1886 tot im seichten ufernahen Wasser des heutigen Starnberger Sees.

Die Grenze zwischen Exzentrik und Wahnsinn ist fließend – und abschließend werden wir sie nicht sauber definieren können. Um Ludwigs Tod ranken sich heute noch Gerüchte und Verschwörungstheorien. Wie und warum der Monarch starb, werden wir wohl nie erfahren. Aber einer seiner Wünsche ist doch in Erfüllung gegangen. Seiner Erzieherin hatte Ludwig einst geschrieben: «Ein ewig Rätsel will ich bleiben mir und anderen.» Das hat er erreicht.

Übrigens klotzte nicht nur Ludwig II. Phantasiegebäude in die Landschaft. Eine ihm verwandte Seele – zumindest, was die Bauwut betraf – war William Thomas Beckford (1760–1844), der einer Dynastie von englischen Zuckerplantagenbesitzern in Jamaika entstammte. Nach Schriftstellerdandy und Märchenkönig betritt nun ein weiterer Traumtänzer den Ring. Beckford erbte bereits im zarten Alter von zehn Jahren eine Million Pfund, eine für die damalige Zeit ungeheuer große Summe. Der kleine William war ein ungewöhnliches Kind – mit fünf Jahren erhielt er Klavierunterricht von einem ebenso ungewöhnlichen Neunjährigen: Wolfgang Amadeus Mozart. Beckford haftete jedoch schon früh ein dunkler Skandal an. Er hatte als Achtzehnjähriger Briefe mit nicht gerade unschuldigem Inhalt an den elfjährigen William Courtenay geschrieben. Beckford wurde nie wegen Kindesmissbrauchs angezeigt. Als jedoch der Onkel des Jungen den Skandal in Zeitungen publik machte, ging Beckford mit seiner Familie 1784 ins Exil in die

Schweiz (er hatte erst ein Jahr zuvor geheiratet). Was genau vorfiel und ob Beckford Courtenay sexuell missbraucht hat, können wir heute nicht mehr sagen – aber der Vorwurf, dass er sich zu Jungs hingezogen fühlte, ist zutreffend. Nachdem seine Frau in der Schweiz bei der Geburt ihres zweiten Kindes gestorben war, bereiste Beckford Europa, einen Tross von Köchen, Bäckern und Künstlern im Schlepptau.

1790 kehrte er nach England zurück. Er beauftragte den Architekten James Wyatt mit dem Bau einer gotischen Ruine und eines Sommerhauses für seine Bücher. Die Pläne Beckfords waren extravagant: Er wünschte sich einen dreihundert Fuß hohen Turm, verschiedene Flügel und verwinkelte Korridore. Das Ganze glich einem dunklen, gotischen Traum von einer Kathedrale. Es dauerte Jahrzehnte, wenn nicht ein Jahrhundert, um im Mittelalter eine Kathedrale zu errichten. Beckford wollte einen solchen Prachtbau – nur schneller. Mit Wyatt hatte er allerdings keinen besonders verlässlichen Partner gewählt. Als Beckford von einem Aufenthalt in Lissabon zurückkehrte, war er so wütend über den fehlenden Fortschritt, dass Wyatt fünfhundert Arbeiter aus Windsor Castle abzwackte, um den Bauherrn zufriedenzustellen. Das Haus wurde bekannt als «Fonthill Abbey» oder auch «Beckford's Folly» (Beckfords Unsinn). Fern der Außenwelt lebte er zurückgezogen in seiner Traumwelt. Wandteppiche und gotische Skulpturen schmückten das Innere von Beckfords privater Kathedrale, das Licht drang durch Fenster aus buntem Glas hinein. Er besaß eine große Kunstsammlung und hinterließ der englischen Literatur *Vathek*, einen orientalischen, gotischen Roman. *Vathek* hat unter anderem H. P. Lovecraft beeinflusst, der von der Reservebank aus beide Daumen in die Höhe reckt.

Beckfords Leben war einsam und endete auch so. In seine gotische Traumkathedrale »Fonthill« hatte er so viel Geld gesteckt, dass er sie 1823 schließlich verkaufen musste. Er baute daraufhin «Lansdown Baghdad», weniger extravagant als «Fonthill Abbey», allerdings auch mit einem Hauptturm. «Fonthill Abbey» ist heute verloren – der Turm stürzte schließlich, auf wackeligem Fundament gebaut, ein und begrub einen Hauptteil des Gebäudes unter sich. Heute ist nur noch ein kleiner Teil eines Flügels erhalten. Anders als Ludwig hat Beckfords Traumwelt ihn also nicht überlebt.

Bisher finden sich nur Männer in unserer Versammlung der Exzentriker im Ring. Warum? Eines der Kernprobleme der Geschichte und nahezu jeder Wissenschaft lautet: Sie wurde lange von Männern erzählt und (mit einigen Ausnahmen) von Männern gemacht. Andere Perspektiven waren nicht gern gesehen. Das heißt nicht, dass Frauen in der Geschichte eine untergeordnete Rolle gespielt haben, sondern dass die Geschichtsschreibung ihnen oft nicht gewogen war und sie auch lange nicht dieselben Möglichkeiten und Chancen hatten wie Männer.

Deswegen vervollkommnen wir unsere illustre Runde mit einer außergewöhnlichen Frau, die zu ihrer Zeit die Gemüter erregte. Sie betritt den Ring mit erhobenem Kopf und einer Zigarre im Mundwinkel. Und wenn die Menge bei Waterton schon getobt hat, rast sie jetzt endgültig. Amantine-Lucile-Aurore Dupin (1804–1876) reißt die Fäuste in die Luft! Ihr Kampfname könnte «Die Amazone» lauten. Das klänge zumindest angriffslustiger als ihr Künstlername «George Sand»: Spätestens jetzt sollte die Ringglocke schellen.

Berühmt wurde sie mit ihrem Roman *Indiana*, in dem sie sich gegen den Zwang wandte, als Frau in einer unglücklichen Ehe bleiben zu müssen. Klingt radikal für ihre Zeit? War es auch. Und autobiographisch geprägt: Sand, damals noch mit ihrem klingenden Dreiernamen, begann eine Affäre mit einem Nachbarn, da sie in ihrer Ehe nicht glücklich war. *Indiana* schrieb sie unter männlichem Pseudonym innerhalb von zwei Monaten in Paris, nachdem sie ihren Ehemann verlassen hatte. Es blieb jedoch nicht bei dem Männernamen, sie passte auch ihre Kleidung dem neuen Namen an. Mit dieser Tarnung erhielt sie Zugang zu Bereichen der Gesellschaft, die Frauen eigentlich verwehrt blieben. Die weiten Hosen, die Westen und Zylinder, die Sand trug standen in krassem Kontrast zu zeitgenössischer Frauenkleidung. Sand war eine Rebellin. Auf Fotos sieht man sie in dominanten Posen: offen, selbstbewusst, stark. Sie spielte mit Geschlechterrollen und trug mal Anzug, mal Spitzenkleid. George Sand kämpfte in ihren Büchern für die Leidenschaft, sie thematisierte die Suche nach Erfüllung, stellte Konventionen in Frage. Vieles blieb dabei nah an ihrem eigenen Leben. Die Liste ihrer namhaften Liebhaber ist lang: Darauf finden sich unter anderem Frédéric Chopin und Franz Liszt. Sie liebte auch eine Frau, die Schauspielerin Marie Dorval. Wie im 19. Jahrhundert nicht anders zu erwarten, sorgte ihr Liebesleben für hochgezogene Augenbrauen und zog Vorwürfe der Nymphomanie und Homosexualität nach sich, jedoch wurde sie nie deswegen belangt. Ihre Lebensweise polarisierte – Charles Baudelaire war beispielsweise alles andere als ein Fan, er bezeichnete sie als «Latrine». Gustave Flaubert, Honoré de Balzac, Michail Bakunin und Fjodor Dostojewski waren jedoch Bewunderer von Sand, Heinrich Heine nannte sie gar «die größte Schriftstellerin». Sand hinterließ mehr als zwanzig Romane und geschätzte 40 000 Briefe – dabei sind die Theaterstücke, Essays und Pamphlete, die sie verfasste, noch nicht mitgezählt. Ihr Anderssein war ein Aufbegehren gegen die erzkonservativen Geschlechterrollen der damaligen Gesellschaft. Noch heute ist sie eine feministische Ikone – eine Frau, die ihre Gegner nicht niederschlug, sondern ihnen einfach Zigarrenrauch ins Gesicht blies.

Was schon feststand und eigentlich keines weiteren Beweises bedurfte: Die Geisteswissenschaft ist voll von Exzentrikern. Menschen, die anders waren und ihr Anderssein zelebrierten, die vielleicht mehr nach außen gekehrt waren, während die Naturwissenschaftler den Ring am liebsten mit dem Laborkittel über dem Kopf betreten würden. Von Menschen, die nicht ganz in ihre Zeit passten und wie Oscar Wilde zu früh oder wie Ludwig II. zu spät lebten. Es wäre vermessen, sie in einer Art Hitliste der Verrückten zu führen. Denn darum geht's bei Exzentrik nicht. Zwar ist der Grat zwischen Exzentrik und Wahn ein schmaler, aber dasselbe gilt für Genie und Wahnsinn. Die klügsten, kreativsten, unangepasstesten Köpfe sind meist auch die, die anders funktionieren als der Rest der Menschheit. Die schillerndsten Boxerfiguren hat aber in jedem Fall die Geisteswissenschaft – und damit das Publikum auf ihrer Seite.

2. Runde

In Stein gemeißelt:
Diese Sprüche kennt jeder

➤ Von Cogito bis Faust ➤

$E = mc^2$ wird gern als Beweis dafür angeführt, dass naturwissenschaftliche Formeln einer breiten Öffentlichkeit bekannt sind. Einstein und so – kennt jeder, weiß jeder. Was die Formeln eigentlich aussagen, ist jedoch meistens nicht ganz so klar (was $E = mc^2$ genau bedeutet, würde wohl die meisten Fahrgäste eines durchschnittlich besetzten U-Bahn-Wagens ins Schwitzen bringen). Was haben die Geisteswissenschaften da zu bieten? Keine Zahlen, keine Elemente, keine Gleichheitszeichen – eben nichts zum Auswendiglernen. Sollte diese Runde gleich verloren gehen?

Nicht so fix, die Geisteswissenschaften haben auch hier ein paar richtige Schwergewichte zu bieten. Formeln sind konkrete, etwas bezeichnende Zusammensetzungen, die eine bestimmte Sache ausdrücken, Verbindungen herstellen oder uns zu einem Ergebnis bringen. Das mal als Definition. Und genau an dieser Stelle kommt die Literaturwissenschaft ins

Spiel. Denn Redewendungen sind letztlich nichts anderes als Formeln. Sprache, das elementarste Instrument der Menschheit schlechthin, ist voll von diesen Formeln, geprägt durch die großen Literaten, Philosophen, Theologen und Dichter der letzten Jahrhunderte. Nähern wir uns also des Pudels Kern und schauen, wo die harten Geraden in der Geisteswissenschaft zu finden sind!

Dank dieser subtilen Überleitung kommen wir auch gleich zum ersten Star der Literaturwissenschaft, einem ganz Großen selbst unter den Großen: Johann Wolfgang von Goethe (1749–1832). Wobei man sich jetzt fragen kann, wo hier noch der Gegner Platz finden soll: Allein Goethes Ego und seine Bedeutung füllen ja schon fast den gesamten Ring. Vermutlich hat jeder schon mal von *Faust* gehört – oder ihn sogar (an)gelesen. Goethes bekanntestes Werk strotzt nur so von besonders eingängigen Zitaten («Hier bin ich Mensch, hier darf ich's sein»). Sei es, weil man sie immer wieder verwenden kann («was die Welt im Innersten zusammenhält») – oder weil sie zu jedem Anlass passen («Zwei Seelen wohnen, ach! in meiner Brust»). Was deutlich weniger offensichtlich ist: Unsere Alltagssprache ist ebenfalls von Goethe-Zitaten durchdrungen. So hat er Mephistopheles (der Teufel, der Faust verführt) die Wendung «graue Theorie» in den Mund gelegt. «Das also ist des Pudels Kern» sagen wir, wenn wir uns dem wahren Inneren einer Sache nähern oder darüber sprechen wollen. Ganz wie der getriebene Faust, der diese Zeile spricht, als er von einem schwarzen Pudel verfolgt wird, der sich in den Teufel verwandelt und damit sein wahres Ich zu erkennen gibt.

Die «Gretchenfrage» geht in eine ganz ähnliche Richtung. «Nun sag, wie hast du's mit der Religion?», fragt Gretchen Faust. Die Frage ist für sie von großer Bedeutung, sie will etwas Wesentliches wissen. Und genauso verwenden wir die Gretchenfrage auch heute noch. Sie führt zu einem tieferen Sinn, zum Knackpunkt des Ganzen. Oft handelt es sich dabei um Fragen, deren Beantwortung schwierig ist oder die ans Eingemachte gehen. Gut, um den Gegner aus dem Konzept zu bringen: Wer grübelt, lässt die Deckung unten.

Wenden wir uns Friedrich Schiller (1759–1805) zu, Goethes jüngerem Kollegen, der etwas stiller und bescheidener ins Rampenlicht tritt. Ein weiterer Literaturgigant, dessen Worte heute noch gebraucht werden. Sei es als Ankündigung drohenden Unheils («durch diese hohle Gasse muss er kommen» aus *Wilhelm Tell*) oder als Beziehungsratschlag: «Drum prüfe, wer sich ewig bindet / Ob sich das Herz zum Herzen findet» (*Das Lied von der Glocke*). Heute wird der zweite Teil des Zitats übrigens oft abgeändert zu: «Ob sich nicht doch was Bess'res findet» (vor allem zu Tinder-Zeiten wieder sehr aktuell!). «Daran erkenn ich meine Pappenheimer», sagt der Feldherr Wallenstein im Drama *Wallensteins Lager* zu den Männern des Regiments des Grafen von Pappenheim, die zu ihm stehen, während andere ihn für einen Landesverräter halten. Noch heute steht der Ausdruck «Ich kenn doch meine Pappenheimer» für Menschen, die uns vertraut sind, von denen wir wissen, wie sie ticken. Auch die Wendung «lange Rede, kurzer Sinn» stammt aus Schillers *Wallenstein*. Dort ist es Wallenstein selbst, der die Frage stellt «Was ist der langen Rede kurzer Sinn?», um einen Lobgesang des Kriegsrats von Questenberg auf ihn abzukürzen. Ungeduld ist also nicht nur ein modernes Phänomen.

Ebenso bleibt eine weitere Wendung aktuell, die eine von Schillers Figuren, Gertrud Stauffacher, im *Wilhelm Tell* verwendet: «Der kluge Mann baut vor.» Wenn Literatur unbemerkt zum Teil gesprochener Sprache wird, ist sie endgültig im Leben, im Alltag angekommen und hat somit eine elementare Funktion in menschlicher Kommunikation inne. Die Konzepte, auf die hier angespielt wird, sind jedem ein Begriff.

Ähnlich verhält es sich mit dem größten Unruhestifter (zumindest aus der Sicht der katholischen Kirche) des 16. Jahrhunderts: Martin Luther (1483–1546). Dessen Art ist bekanntlich ein bisschen rüpeliger als die seiner Vorkämpfer – und ähnlich rabiat drängt er sich auch schon zwischen Schiller und Goethe hindurch in die Mitte des Rings.

Als Begründer der Reformation ist er der Schlüsselakteur dieses politischen und religiösen Umbruchs und hämmerte wohl das bekannteste, nicht klebende Post-it der Geschichte 1517 an die Tür der Schlosskirche in Wittenberg (Haftnotizen haben heute schon ihre Vorteile, auch wenn eure Einkaufsliste vermutlich nicht die Sprengkraft von Luthers 95 Thesen hat – und hoffentlich auch nicht deren Umfang). Und Luther haut auch sonst kräftig auf den sprachlichen Putz: Wer «ein Machtwort» spricht, sein «Licht unter den Scheffel» stellt, mit jemandem «ein Herz und eine Seele» ist oder mit «Feuereifer» an eine Sache herangeht, bedient sich dabei Luthers Worten, die übrigens alle seiner berühmten Bibelübersetzung entstammen. «Herzenslust» und «Nächstenliebe» gehen ebenfalls auf sein Konto, genau wie «ungelegte Eier» und «im Dunkeln tappen». Wer «Gewissensbisse» hat, weil er «Perlen vor die Säue» wirft, kann sich ebenfalls bei Luther bedanken. Mit seiner Bibelübersetzung machte der Reformator die Heilige Schrift erstmals dem Volk (zumindest denen, die lesen konnten) zugänglich, Latein hatte ausgedient. Der Protestantismus wollte den Menschen einen direkten Zugang zu Gott vermitteln. Dazu gehörte auch, dass sie die Bibel selbst lesen konnten und nicht mehr auf die Auslegung des Pfarrers in der Messe angewiesen waren. Was Luther nun genau war – Reformator, Übersetzungsgenie, Antisemit, Katholikenhasser –, darüber streiten sich bis heute die Geister. Eines ist jedoch sicher: Ohne Luther wäre unsere Sprache, unsere Ausdrucksweise eine andere und mit Sicherheit um ein paar kreative Begriffe und Formeln ärmer. Seine ganze Schlagkraft steckt in den Neologismen, den Wortneuschöpfungen, die er unserem Wortschatz hinzugefügt hat.

Einprägsame Sprüche entspringen aber auch Theorien – und die gibt es nicht nur bei den Menschen mit den Reagenzgläsern, sondern auch bei Geisteswissenschaftlern. Seit Jahrtausenden versuchen Philosophen, ihre Gedankengebilde möglichst prägnant und formelhaft auf den Punkt zu bringen – und wenn sie es nicht tun, tut es die Nachwelt für sie. Dann werden besonders einprägsame Passagen, die sich zu geflügelten Worten entwickeln, aus ihren Werken herausgepickt. Ein Beispiel dafür ist der französische Philosoph René Descartes (1596–1650), dessen «Cogito, ergo sum», ein verkürztes Zitat aus seinem 1637 erschienenen Text *Discours de la méthode*, zum Leitmotiv seiner philosophischen Vorstellungen wurde. Descartes versuchte, die Existenz Gottes zu beweisen, indem er diese Annahme als aus der Vernunft geboren ansah. Die Vernunft sei wiederum die Basis des Zweifels. Und wer zweifelt, muss automatisch auch existieren – daher: «Ich denke, also bin ich».

Mit Shakespeare steigt das englische Pendant zu Goethe und Schiller in den Ring. Da aber bis heute nicht genau geklärt ist, wer Shakespeare eigentlich war, ist unser nächster Boxer gesichtslos. Macht das Ganze auch spannender, deshalb kämpft der schwarze Ritter in den Märchen ja auch immer mit runtergeklapptem Visier. Ohne König Lear, Hamlet, Iago und Puck wäre die Literaturlandschaft eine andere. Und wir würden das Fehlen von Shakespeares Erbe in der englischen Alltagssprache bemerken. Ähnlich wie Luther ist der Mister X der englischen Literaturgeschichte verantwortlich für eine Fülle von Wortneuschöpfungen und Redewendungen, bei denen wir uns heute gar nicht mehr vorstellen können, wie es sein kann, dass es sie einmal nicht gegeben hat. Wer heute ein Herz aus Gold («heart of gold») hat oder sein Herz auf der Zunge trägt («wear one's heart on one's sleeve»), der kann sich für diese Ausdrücke beim großen Meister der Tragödie bedanken. Manchmal hilft so eine Wendung auch dabei, eine Sache kurz und knapp begreiflich zu machen, anstatt mit überkomplizierter Korrektheit jeden Leser zu ermüden. «Lisa hat beim Abendessen mit ihrer Geschichte das Eis gebrochen» klingt so viel einleuchtender und schöner als «Lisa hat beim Abendessen mit ihrer Geschichte dafür gesorgt, dass jegliches Unwohlsein beseitigt und die Spannung zwischen den Gruppenmitgliedern aufgehoben wurde. Dadurch war schließlich eine gute, entspannte Konversation möglich».

Statt als Zuhörer schnarchend vornüber in die Suppe zu kippen, lauscht man doch viel lieber der von Shakespeare geschaffenen, bildreichen Sprache. Wer die Anspielung oder den Ursprung der Redewendung beziehungsweise des Wortes nicht kennt, erfreut sich an dem schönen Bild, der Literaturkenner goutiert inzwischen das Wissen um die Quelle des Zitats. Und wehe, wenn nicht: Bei einer Aufführung von *Hamlet* an der Berliner Schaubühne schleuderte Lars Eidinger zwei Zuschauern, die den «Sein oder Nichtsein»-Monolog zur Blasenentleerung nutzen wollten, hinterher: «Das ist der GEILSTE Monolog in der ganzen Theatergeschichte, und ihr geht aufs KLO?!»

Und die Liste lässt sich noch fortsetzen: Shakespeare gab dem Dauerzustand der Briten in emotionalen Gesprächen einen Namen («uncomfortable»), und auch einer der zahmeren Flüche der Briten entstammt der Feder dieses Mannes: «For goodness' sake» taucht zum ersten Mal in Shakespeares *Heinrich VIII.* auf. Das «green eyed monster», die Eifersucht aus *Othello*, kennen wir auch aus dem deutschen Sprachgebrauch (auch wenn es heutzutage hoffentlich deutlich seltener so endet wie bei der bedauernswerten Desdemona, die von ihrem Ehemann Othello erstickt wird, weil er sie verdächtigt, eine Affäre zu haben). Alle «Knock, knock»-Witze haben ihren Ursprung in *Macbeth*, und dass Liebe blind ist, schrieb Shakespeare schon im *Kaufmann von Venedig*. «Kein Auge zutun» – dieser Ausdruck stammt übrigens aus *Cymbeline* («not slept one wink»), ein Stück über einen mythischen britischen König. Und auch die «nackte Wahrheit» («naked truth») hat schon in *Love Labours Lost* ihren Auftritt. Wenn wir über unsere Familie, unser «eigen Fleisch und Blut», sprechen, zitieren wir aus *Hamlet*. Genauso verhält es sich mit einem «tadellosen Ruf» («spotless reputation») – einem Zitat aus *Richard II*. Shakespeare mag ohne Gesicht boxen, aber er landet harte Treffer. Das muss man auch erst mal können.

Trotzdem, wir wollen ihm nicht den ganzen Spaß allein lassen, denn wir haben noch einen Spezialisten in petto, der Einsteins $E = mc^2$ einen letzten, gezielten Schwinger verpasst. Oder vielleicht könnte man eher sagen: Er senkt den Kopf ganz leicht und läuft das gegnerische Team sprichwörtlich in Grund und Boden. Es geht nämlich um einen großen Büßer. Noch heute sagen wir: «Er hat den Gang nach Canossa angetreten», um auszudrücken, dass sich die betreffende Person vermutlich in einer verdammt unangenehmen Lage befindet. Der Erste, der wirklich den Gang nach Canossa antreten musste, war Heinrich IV., der König des Heiligen Römischen Reiches Deutscher Nation. Er zog im Dezember 1076 los, um im Januar des darauffolgenden Jahres Papst Gregor VII. in Italien um Vergebung zu bitten. Was war passiert?

Heinrichs Gang nach Canossa war der Höhepunkt des sogenannten Investiturstreits. Ganz verkürzt gesagt, stritten sich darin der Papst und der römisch-deutsche Kaiser darum, wer das Recht hatte, Bischöfe und Äbte zu ernennen. Die Kirche wollte nicht, dass ein Laie, in diesem Fall ein weltlicher Herrscher, kirchliche Ämter vergab. Der Streit eskalierte, Gregor belegte den König mit dem Kirchenbann – er exkommunizierte ihn also. Das war fatal für Heinrich, der ja als König von Gottes Gnaden regierte. Ohne die Unterstützung der katholischen Kirche, der er nun nicht mehr angehörte, drohte dieses Machtfundament über kurz oder lang wegzubrechen, da der Bann Heinrichs Untertanen von ihren Eiden entband, ihm Gehorsam zu leisten. Schon begann sich eine Opposition unter den deutschen Fürsten zu formieren. Heinrich musste sich mit der Drohung abfinden, dass bei einem Treffen in Augsburg 1077 ein neuer König gewählt werden würde, sollte der Bann bis dahin nicht aufgehoben sein. Der Papst war wohl bereits auf dem Weg dorthin und befand sich, als Heinrich auf ihn traf, in der Burg der papsttreuen Margarete von Tuszien. Was dann passierte, liegt irgendwo im Bereich zwischen Propaganda und Wahrheit. Drei Tage soll Heinrich im Büßergewand im eisigen Winter vor den Toren der Burg ausgeharrt haben, um so für seine Anmaßungen und Sünden zu büßen. Die beiden wichtigsten Quellen zu diesem Geschehen sind leider tendenziös: Ein Bericht stammt von Lampert von Herzfeld, der Anhänger des Papstes war. Die andere Quelle war Gregor selbst. Was Heinrich tat, entsprach in weiten Teilen einer mittelalterlichen «deditio», einer streng regulierten und formalisierten Bußhandlung durch Unterwerfung in der Öffentlichkeit, an deren Ende die Vergebung stand. Und es funktionierte. Canossa ist in unserem Sprachgebrauch untrennbar mit Heinrichs erniedrigendem Bußgang verbunden. Und dafür ist es letzten Endes egal, ob er wirklich kaum bekleidet drei Tage im Schnee ausharrte.

Am Ende dieser Runde könnten die Geisteswissenschaftler den Mundschutz herausnehmen – wenn sie denn einen getragen hätten. Die Worte haben sich den Zahlenformeln als absolut ebenbürtig erwiesen. Sprache ist untrennbar verbunden und verwoben mit den Geisteswissenschaften, die das, was uns heute ausmacht, überhaupt erst geformt, erforscht, gebildet und kommuniziert haben. Klingt nach einem Faustschlag, der die Ohren noch eine ganze Weile klingeln lässt.

★ Die beste aller Zeichenkombinationen ★

Wer denkt, dass die Naturwissenschaften den großen Zitaten der Geisteswissenschaften unterlegen wären, könnte nicht weiter danebenliegen. Goethe, Schiller und Shakespeare haben natürlich dazu geführt, dass sich die Sprache weiterentwickelte und um einige Ausdrücke bereichert wurde – aber was sollen diese rhetorischen Spielereien denn gegen die simplen und genialen Formeln der Naturwissenschaften ausrichten? Auf den ersten Blick sehen sie unscheinbar aus – aber bei näherem Hinsehen enthüllen sie eine enorm tiefgreifende Einsicht in die Funktionsweise der Natur. Sie sind sozusagen die harte Linke gegen eiernde und wortreiche Luftschläge.

Und eigentlich kann es in diesem Kapitel nur einen wahren Star geben, eine glitzernde Ikone, die allen voransteht und zu Recht alle Aufmerksamkeit auf sich lenkt. Aber, kein Headliner ohne Vorgruppe.

Da wäre zum Beispiel die Wendung «Survival of the fittest», dieser immer noch von viel zu vielen Menschen missverstandene Satz. Er stammt vom britischen Sozialphilosophen Herbert Spencer und wurde von Charles Darwin in der fünften Ausgabe von *On the Origin of Species* übernommen. Biologen meiden ihn inzwischen sogar: Fitness bedeutet in diesem Satz nicht physische Fitness, sondern Angepasstheit. «Es überlebt der, der am meisten Nachkommen in die Welt setzen kann», das ist die sachlich richtigste Übersetzung der Phrase. Auch wenn man sich ein Fitnessstudio vorstellen kann, das sich diesen Satz an die Wand schreibt – der Satz besagt nicht, dass die mit dem prallsten Bizeps überleben, sondern die mit den dicksten Hoden.

Fragt man Mathematiker nach der schönsten aller Formeln, wird man häufig auf die sogenannte Euler'sche Identität hingewiesen. Warum das so ist? Wahrscheinlich, weil in der Formel die Kreiszahl π an prominenter Stelle vorkommt. Wer schon mal miterlebt hat, wie viele Mathematikstudenten die Nachkommastellen von π in beeindruckender Genauigkeit auswendig gelernt haben, ahnt, wie viel Verehrung dieser Zahl in Mathematikerkreisen zukommt. Zweitens enthält die Formel auch noch die Thronfolgerin von π, nämlich die Euler'sche Zahl e, die wie π an zentralen Stellen der Mathematik immer und immer wieder vorkommt und eine unendliche, komplett ungeordnete Folge an Nachkommastellen besitzt. Kein Grund, hier beim Lesen schon auszusteigen! Drittens braucht man nämlich nur noch ein Gleichheitszeichen, ein Minus und eine

Eins. Nimmt man dazu an, dass man aus negativen Zahlen Wurzeln ziehen kann, und gibt der Wurzel von −1 den Namen «i», ist die Euler'sche Identität $e^{i\pi} = -1$ auch schon fertig. Um es mit Shakespeare zu sagen: Will man bei Konversationen mit Mathematikern das Eis brechen, braucht es selten mehr als die bloße Erwähnung dieser Formel.

Dass die beiden Zahlen mit endlosen Nachkommastellen, π und e, über die Wurzel von −1 so überraschend zusammenhängen, lässt einen in Mathematikvorlesungen ernsthaft stolpern. Es ist ein bisschen, als würde man herausfinden, dass die Komplexität der menschlichen Psyche multipliziert mit der Komplexität aller menschlichen Beziehungen untereinander zusammen etwas ergibt, was so spannend ist wie … nun ja … ein durchschnittlicher Kieselstein, den man am Straßenrand aufgelesen hat. Zugegeben, dieser Vergleich passt nicht so richtig, aber Vergleiche aus dem echten Leben mit Formeln der Mathematik gehen meistens schief.

Fragt man theoretische Physiker nach einem Lieblingssatz, einem Lieblingstheorem oder einer Lieblingsformel, wird oft das Noether-Theorem genannt. Es wurde 1918 von der deutschen Mathematikerin Emmy Noether erdacht, die unglaublich wichtige Beiträge leistete – vor allem in der theoretischen Physik und der abstrakten Algebra. Ihre ganze Karriere über musste sie als Frau in einem männlich dominierten Universitätsumfeld um Anerkennung kämpfen. Als sie in Göttingen Vorlesungen besuchte, war sie nur eine von zwei Frauen an der gesamten Universität – und musste jeden Professor explizit um Erlaubnis fragen, um eine Lehrveranstaltung besuchen zu dürfen. Nach ihrer Dissertation unterrichtete sie viele Jahre an verschiedenen Universitäten, ohne Lohn dafür zu erhalten, bis sie schließlich 1923 eine bezahlte Stelle in Göttingen fand – die sie im Zuge der sogenannten Machtergreifung des nationalsozialistischen Regimes wieder verlor. Außerhalb des Rings könnte sie mit George Sand sicherlich einige Erfahrungen teilen. Ihre Forschungsergebnisse, die sie häufig unter dem Namen männlicher Kollegen veröffentlichte – mit ihr als «Mitarbeiterin» –, waren trotz aller Widrigkeiten zahlreich, wegweisend und sind in Teilen sehr ästhetisch, nur dass man einige Semester Physik und Mathematik studieren muss, um die Schönheit tatsächlich zu erkennen. Was macht das Noether-Theorem im Speziellen so schön? Es benutzt einfache Worte, ist erst auf den zweiten Blick unglaublich kompliziert und enthüllt bei genauerem Nachdenken eine tiefe Wahrheit. Es besagt, dass Symmetrien in physikalischen Systemen einer Erhaltungsgröße wie beispielsweise Energie entsprechen. Die volle Breite eines solchen Satzes in wenigen Worten zu erklären ist gar nicht so einfach, aber die Idee lautet: Ein abstraktes mathematisches Konzept – das der Symmetrie – wird unerwartet mit einem anderen, physikalischen Konzept in Verbindung gebracht: nämlich, dass es Erhaltungsgrößen wie die Energie gibt. Eine Erhaltungsgröße ist eine Größe, die sich nicht ändert – wie der Bierkonsum pro Jahr in Deutschland in den letzten zehn Jahren. Es wird unterschiedlichstes Bier verkauft, verschiedene Hersteller werden gegründet, andere gehen bankrott, aber die Summe des insgesamt konsumierten Biers in Litern bleibt konstant. Das Theorem von Emmy Noether bringt dieses abstrakte Konzept einer Erhaltungsgröße in einen überraschenden Zusammenhang mit der Energie. Das ist nützlich, grundlegend und ein bisschen magisch – ein wunderschönes Theorem eben.

Damit eine Formel aber so berühmt wird, dass sie sich selbst Geisteswissenschaftler merken können, muss eine ganze Reihe von Faktoren zusammenspielen. Bei dem stärksten Herausforderer dieses Kapitels lief alles richtig. Oder besser gesagt: bei der Herausforderin. Sie steht wie keine andere für Wissenschaft, für tiefe Erkenntnis und auch für die Unverständlichkeit; sie ist ein glitzernder Totem, den man als Physikstudent immer wieder bestaunen darf. Sie erfuhr wohl mehr Verehrung als irgendeine andere Kombination aus Zahlen, Buchstaben und einem Gleichheitszeichen, und das sogar, obwohl sie kaum jemand wirklich versteht (da hatten die Geisteswissenchaftler mal recht): $E = mc^2$.

Wie konnte sie so populär werden? Um das zu verstehen, hilft es, erst den Kopf hinter der Formel zu betrachten: Albert Einstein. Er war schon zu Lebzeiten eine Ikone der Physik. Das lag auf keinen Fall daran, dass er sich in den Vordergrund gedrängt hätte. Aber der Mann mit den wilden Haaren, der vom technischen Experten dritter Klasse am Schweizer Patentamt in Bern zu einem weltweit gefeierten Wissenschaftler aufstieg, war ein gefundenes Fressen für die Presse: Sie sah in ihm das neue Genie, den neuen Jahrhundertwissenschaftler. Das *Time Magazine* wählte ihn zur wichtigsten Person des 20. Jahrhunderts. Er wurde von Andy Warhol porträtiert. Und dann streckte er auch noch einem Fotografen die Zunge heraus, dem er nach seiner eigenen Geburtstagsfeier, übermüdet und bereits in der Limousine, nicht entkommen konnte. Der Fotograf drückte geistesgegenwärtig im richtigen Moment auf den Auslöser. Das Foto wurde das Lieblingsbild der Öffentlichkeit – auch weil Einstein selbst es verbreitete: Die Fotografie gefiel ihm so gut, dass er Abzüge davon kaufte und an seine Freunde verteilte.

Zu diesem Zeitpunkt war die Relativitätstheorie schon veröffentlicht. Heute ist sie allgemein akzeptiert und ausgezeichnet überprüft, damals war sie noch Gegenstand ausführlicher Diskussionen. Die Theorie hinter $E = mc^2$ war sehr mathematisch, schwer zu verstehen und beschrieb insbesondere eine physikalische Realität, die mit unseren normalen Sinnen schlicht nicht mehr vorstellbar ist. Plötzlich war es zumindest theoretisch möglich, einen von zwei Zwillingen in ein Raumschiff zu setzen, das Raumschiff auf Lichtgeschwindigkeit zu beschleunigen und damit zu bewirken, dass die Zwillinge plötzlich unterschiedlich alt waren. Raum und Zeit, zwei Dinge, die in unserem Leben stets konstant wirken, verbogen sich plötzlich. Was Einstein vorhersagte, ließ sich nicht mehr mit stoßenden Billardkugeln oder fallenden Äpfeln erklären. Man brauchte Kenntnisse der Mathematik, um die neuen Vorhersagen wirklich verstehen zu können.

Trotzdem – oder vielleicht gerade deswegen – beschäftigte sich nicht länger nur ein Fachpublikum mit Einsteins Annahmen. «Gegenwärtig debattiert jeder Kutscher und jeder Kellner, ob die Relativitätstheorie richtig sei. Die Überzeugung wird hierbei bestimmt durch die Zugehörigkeit zu einer politischen Partei», schrieb Einstein 1920 an einen Freund. Linke, liberale und pazifistische Kreise waren auf Einsteins Seite, nationalistisch eingestellte Zeitgenossen konnten seinen Überlegungen nichts abgewinnen. Besonders viele deutsche Wissenschaftler wendeten sich gegen die Theorie – sie sei zu abstrakt, zu unecht, zu wenig greifbar. Der deutsche Chemiker und antisemitische Agitator Paul Weyland nannte die Relativitätstheorie «wissenschaftlichen Dadaismus», die Nationalsozialisten nannten sie zusammen mit der kompletten Quantenphysik «jüdische Physik». Die Philosophie hingegen fragte, ob jetzt alles, auch Moral, relativ sei, ob Physik jetzt die neue Ersatzreligion wäre, und deutete damit viel zu viel in die Aussagen der Theorie hinein. Charlie Chaplin fasste es passend zusammen, als er sich in einem Gespräch an Einstein wandte und ihm sagte: «Die Leute verehren mich, weil sie alles von mir verstehen, und sie verehren Sie, weil sie nichts von Ihnen verstehen.» Einstein selbst war unbeeindruckt. Über seine Kritiker sagte er: «Wenn ich unrecht hätte, wäre einer genug.»

Aber zurück zur Formel. Sie enthält, ganz anders als die anderen Rechnungen der Relativitätstheorie, sogar nicht mal griechische Buchstaben, sondern lediglich ein Gleichheitszeichen, ein Quadrat und eine Multiplikation. Aber was genau hat es damit auf sich?

Auf der einen Seite der Formel steht die Energie E, die die Physik seit 1807 kennt. Sie ist eine abstrakte Größe, die nie verloren geht – eine Erhaltungsgröße, wie sie bei Emmy Noether schon vorkam: Wenn sich ein Auto bewegt, hat es Bewegungsenergie, wenn es bremst, entsteht an den Bremsblöcken Wärme. Ein Teil der Bewegungsenergie wird zur Wärme – insgesamt bleibt die Summe aller verschiedenen Energieformen immer gleich. Auf der anderen Seite der Formel stehen die Lichtgeschwindigkeit c und die Masse m. Die Lichtgeschwindigkeit, fand Einstein heraus, ist eine universelle Geschwindigkeitsbegrenzung – eine, die selbst auf deutschen Autobahnen nicht ausgehebelt werden kann, denn nichts hat die physikalische Möglichkeit, sich schneller zu bewegen. Und die Masse ist schlicht das, was wir auf der Erde als Gewicht bezeichnen und zum Beispiel in Kilogramm messen.

Die Formel besagt in der simpelsten Form, dass alles, in das wir Energie pumpen, dadurch schwerer wird. Eine AA-Batterie beispielsweise wird allein durch das Aufladen schwerer. Das liegt nicht daran, dass mehr Teilchen in der Batterie wären – in jedem Ladungszustand befindet sich die gleiche

Anzahl an Teilchen in der Batterie. Das Gewicht erhöht sich, weil Energie in die Batterie gepumpt wird, nur merken wir das als Menschen nicht. Der Unterschied beträgt etwa 100 Pikogramm – dieser Wert entspricht in etwa dem Gewicht zweier menschlicher Blutzellen. Die Differenz ist so klein, weil die Lichtgeschwindigkeit, eine unglaublich große Zahl, quadriert in der Formel steht. Die zugeführte Energie – bei einer Batterie gar nicht mal so wenig – muss durch diese riesige Zahl geteilt werden, um den Masseunterschied zu erhalten. Kein Wunder, dass da nicht viel übrig bleibt. Genauso wird beispielsweise die Feder eines Kugelschreibers schwerer, wenn man sie zusammendrückt. Auch sie hat mehr Energie, die nach Einsteins Formel berechnet werden kann.

Ganz anders sieht es aber aus, wenn man die Formel von der anderen Seite her aufzäumt: Errechnet man beispielsweise, wie viel Energie in der Masse eines Liters Milch steckt, kommt man zu folgendem Ergebnis: Könnte man die Ruheenergie der Milch ohne Verluste in elektrische Energie umwandeln, ließe sich auf diesem Weg der Stromverbrauch ganz Deutschlands für zwei Wochen decken. Die Rechnung ist natürlich rein theoretisch: Es ist völlig unmöglich, aus der Milch diese Energie herauszuholen.

Geradezu amüsant ist, dass $E = mc^2$ später einfach für Filmtitel benutzt wurde, allerdings nicht, um anzuzeigen, dass der Film Wissenschaft behandelt – betrachtet man die Plots, schien der Titel nur Rechtfertigung zu sein, einige der Schauspieler weiße Laborkittel tragen zu lassen. Die Filmdatenbank IMDb listet gleich zwei Filme unter dem Titel. Der erste ist eine Komödie aus dem Jahr 1996, in dem ein Wissenschaftler an Einsteins Theorien arbeitet, während er eine Affäre mit seiner Laborassistentin hat. Für die Filmemacher schien allein der Gedanke, dass ein Wissenschaftler eine Affäre haben könnte, als Plot lächerlich genug zu sein – zack, fertig ist die Komödie. Der zweite Film ist ein polnischer Action-Thriller, dessen Plotbeschreibung leider nur auf Polnisch vorhanden ist. Auf jeden Fall kommt auch in diesem Film ein Wissenschaftler vor, der aber von einem Gangster um Hilfe gebeten wird. Am Ende des Filmes stehen alle unter Druck und haben diverse Probleme mit der Mafia. Und auch, wenn sicherlich in beiden Filmen viel Energie von einem Zustand in einen anderen Zustand umgewandelt wird, werden beide recht wenig mit dem tatsächlichen $E = mc^2$ zu tun haben.

Ähnliche Geschichten findet man übrigens auch, wenn man die Titel von Musikalben durchforstet. Mariah Carey, die ein Album mit dem Titel $E = mc^2$ veröffentlicht hat, winkte gleich ab, als sie mit einer Frage zu Einsteins Theorie konfrontiert wurde. Sie könne nicht mal die Mathetests der siebten Klasse bestehen. Den Titel habe sie gewählt, weil sie sich beim Schreiben freier gefühlt habe als jemals zuvor. Die Formel drückt also Freiheit aus. Muss man auch erst mal schaffen!

Einen stärkeren Wissenschaftsbezug gab es bei Giorgio Moroder, dem Pionier für elektronische Musik, der zum Einsteinjahr 1979 das erste Album komplett digital aufnehmen wollte. Solche Aufnahmen waren damals mit enormen Kosten verbunden, jeder Tag im Studio kostete Moroder etwa 15 000 US-Dollar. Aber er schaffte es, gab die Laufzeiten der einzelnen Titel auf fünf Nachkommastellen genau an und dankte Albert Einstein in den Notizen des Albums. Ein weiteres Album, das unter dem Namen $E = mc^2$ bekannt ist, stammt von Jazz-Pianist Count Basie, zeigt eine Atombombenexplosion auf dem Cover und galt als eines seiner besten Werke.

Nach der Formel wurden auch Lieder benannt – eines der

Progressive-Rock-Band Ayreon und eines von Big Audio Dynamite, die damit ihren größten Hit landeten (immerhin Platz 11 in den britischen Charts). Außerdem trägt eine kurzlebige Cartoonserie den Titel sowie mindestens zwei Gedichte. Die Formel hat inzwischen eine ausgiebige popkulturelle Bedeutung. Das zeigt sich auch daran, dass fast jeder sie kennt. Sie ist zum Symbol für Wissenschaft im Allgemeinen geworden, sie ist schön, tiefgreifend und war unheimlich politisch, und genau deswegen ist sie der einprägsamste Spruch, den die Menschheit kennt. Kurz, knackig und trocken – mit Wucht ins Ziel. Danke, Einstein.

3. Runde

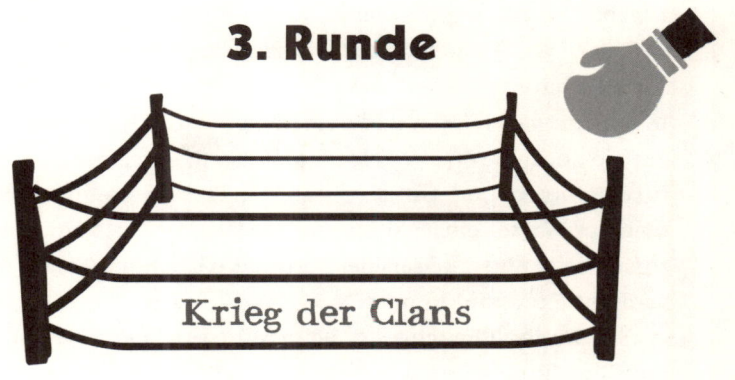

Krieg der Clans

★ Prinzessin aus der Erbse ★

Natürlich hat, das muss ich als Naturwissenschaftler zugeben,
vor allem die Geschichtswissenschaft ganz hervorragende Familiendynastien zu bieten. Über viele Generationen hinweg
beherrschten diverse Sippen Länder und Landstriche, führten Kriege gegeneinander und prägten den Verlauf der Weltgeschichte. Macht, Geld, Einfluss, Stand: Das weiterzugeben
gestaltete sich nur manchmal schwierig. Sind diese weltlichen
Güter vielleicht leichter zu vererben als wissenschaftliche Fä-
higkeit und Kreativität? Wie wahrscheinlich ist es, dass eine
geniale Physikerin oder ein weithin respektierter Mathematiker nicht nur den berühmten Namen, sondern auch die
Virtuosität an ihre Kinder weitergeben?

Auf jeden Fall sind Familiendynastien in der Geschichte
der Naturwissenschaften Mangelware, aber eine Sippe nimmt
es spielend mit den meisten Widersachern auf: Die Familie
Bernoulli, eine hauptsächlich Schweizer Gelehrtenfamilie. Sie

schaffte es nicht nur, Intelligenz an ihre Nachfahren weiterzugeben, sondern auch den unbändigen Drang, Mathematik zu betreiben. Etwa ein Dutzend herausragender Mathematiker und Naturwissenschaftler brachte die Familie im 17. und 18. Jahrhundert hervor, und eine Menge Entdeckungen gehen auf sie zurück: Warum Flugzeuge fliegen, Parfümzerstäuber funktionieren und Duschvorhänge näher kommen, sobald man das Wasser einschaltet – all das lässt sich mit einer einzigen Gleichung erklären, der Bernoulli-Gleichung. Schon das verdient Extrapunkte, oder?

Wie wahrscheinlich es ist, beim Münzwurf genau zehnmal Kopf bei fünfzig Versuchen zu erhalten? Lässt sich einfach ausrechnen – unter Benutzung der Bernoulli-Verteilung. Auf welcher Bahn zwischen zwei Orten ein Körper am schnellsten zum Ziel gleitet? Auf der Bahn, die von Johann Bernoulli errechnet wurde und die den Namen Brachistochrone trägt. Das klingt vielleicht nicht cool, ist aber die Form, die oft beim Bau von Halfpipes zum Skaten und Snowboarden verwendet wird. Die Mitglieder der Familie trieben sich gegenseitig zu neuen Höchstleistungen an, indem sie sich in mathematischen Fachzeitschriften permanent Aufgaben stellten, was damals unter Mathematikern üblich war. Quasi eine erste Form des Battlerap, nur mathematisch und mit dem Unterschied, dass die neuesten Texte nicht auf Bühnen präsentiert wurden, sondern in Zeitschriften nachgelesen werden konnten. Eine wehrhafte Truppe also. Ableiten, Integrieren, die Exponentialfunktion: Alle diese Entdeckungen, zusammen mit der Begründung der theoretischen Physik, wurden durch die Bernoulli-Familie beeinflusst.

Sie wären eine wunderbare, vorbildliche und einflussreiche intellektuelle Familie, die man direkt in den Olymp der wissenschaftlichen Vorbilder heben möchte, wäre da nicht der Fakt, dass ihre Mitglieder allesamt als außerordentlich hochnäsig und arrogant galten und permanent miteinander im Streit lagen. Doch nicht nur das: Es schien, als wollten die Väter der Familie den potenziellen Erfolg ihrer Kinder geradezu verhindern. Viele von ihnen mussten auf Verlangen der Eltern ein nicht mathematisches Studium ablegen. Meistens brillierten Bernoulli-Kinder zwar auch in dem aufgezwungenen Studium – erlagen aber stets irgendwann dem Reiz des Verbotenen und besuchten heimlich Vorlesungen der Mathematik. Das wiederum führte zu ausführlichen Familienfehden – na gut, zugegeben, ein kleiner Nachteil, wenn die Kandidaten für die beste Familiendynastie erst noch ihre Kämpfe untereinander austragen müssen ... Denn die Brüder Jakob und Johann Bernoulli kritisierten einander öffentlich vernichtend, wenn einer von beiden eine Aufgabe falsch löste. Ihre Attacken wurden wie in einem mathematischen Faustkampf immer aggressiver, bis sie den Kontakt zueinander komplett abbrachen. Johann Bernoulli war aber nicht nur in eine Fehde mit seinem älteren Bruder verwickelt, er geriet auch mit seinem eigenen Sohn Daniel aneinander: Als beide gemeinsam einen Preis der Pariser Akademie der Wissenschaften erhielten, verstieß der Vater den Sohn, weil er es eine Frechheit fand, mit ihm verglichen worden zu sein. Von seinem eigenen Sohn abzuschreiben, dafür war sich Johann Bernoulli aber nicht zu fein: Das Hauptwerk von Daniel Bernoulli, ein Buch über die Frage, wie Wasser fließt, wurde von seinem eigenen Vater plagiiert. Er kopierte das Werk, datierte es aber auf sieben Jahre zurück, um es als sein eigenes darzustellen.

Falls die Bernoullis wegen all der Zwistigkeiten im Ring also sich selbst statt den Gegner zerlegen würden, müsste fix die

Ersatzmannschaft antreten. Auf der Bank sitzt da beispielsweise noch die Leakey-Familie, die seit Anfang des 20. Jahrhunderts die Anthropologie wie niemand zuvor dominierte, angefangen mit Vater Louis, der unter dem Kikuyu-Stamm in Kenia aufwuchs. Er und seine Familie unternahmen Ausgrabungen in Afrika, fanden eine Menge menschenähnliche Knochen und konnten so helfen, zu untermauern, dass der Mensch als solcher aus Afrika stammt. Dann gab es da noch die Familie der Cassinis – bedeutende Astronomen, die vier Direktoren der Pariser Sternwarte stellten – und die Familie Curie, vor allem Marie und Pierre Curie sowie Tochter Irène und ihr Mann Frédéric Joliot Curie, die es, trotz des frühen Todes durch den engen Umgang mit radioaktiver Strahlung, auf gleich fünf Auszeichnungen mit dem Nobelpreis brachte.

Aber ist es nicht eigentlich an der Zeit, mal etwas um die Ecke zu denken? Wir reden hier schließlich von den großartigsten Familien. Und haben wir unser heutiges Verständnis von dem, was eine Familie überhaupt ist, nicht in erster Linie der Neugier der Naturwissenschaftler zu verdanken? Wären viele Kriege vielleicht gar nicht geführt worden, wenn die Soldaten gewusst hätten, wie verwandt wir mit einer Banane sind? Vermutlich nicht. Wäre *Game of Thrones* eine weniger blutige Geschichte gewesen, wenn DNA-Tests zu der Zeit, in der die Bücher spielen, schon existiert hätten? Vermutlich auch nicht. Aber die Geschichte wäre eine andere. Dass Affen und Menschen Teil einer Familie sind und wir dieselben Vorfahren haben, ist inzwischen weitgehend bekannt. Zahllose andere große Familien von Lebewesen bevölkern die Erde. Deren einzelne Mitglieder – Säugetiere, Quallen, Pilze – haben sich inzwischen weit voneinander entfernt und fressen sich teilweise gegenseitig. Aber dass sich eine Familie weit voneinander entfernen kann, ist ja nichts Neues – und wurde auch schon anschaulich von der Familie Bernoulli demonstriert.

Um Familien zu verstehen, muss man Fortpflanzung verstehen, und das tun Naturwissenschaftler natürlich besonders gut. Die Suche nach der Wahrheit ist im Grunde ja die Suche nach einer Antwort auf die Frage, wo wir herkommen. Solche grundlegenden Fragen stellten sich Menschen schon früh: Die Forschung dazu begann spätestens in der Antike mit Anaxagoras, der davon überzeugt war, dass sich in einem Spermium bereits ein kleiner Mensch befinde – komplett mit allen Organen und Körperfunktionen, aber noch sehr klein. Gar keine schlechte Theorie für den Anfang. Inzwischen haben wir Mikroskope, die uns sagen, dass die Theorie Unsinn ist, die waren aber im alten Griechenland noch nicht erfunden. Dann kam Aristoteles, einer, der mit unserer heutigen Trennung von Natur- und Geisteswissenschaften wohl überhaupt nichts anfangen könnte – er war einer der einflussreichsten Philosophen, ein Denker und Universalgelehrter, der nicht nur der Philosophie, sondern auch der Biologie zu einem ersten Höhepunkt verhalf. Er beobachtete, wie sich in Hühnereiern nach und nach Organe entwickelten. Also war kein komplettes Huhn im Ei, es wuchs vielmehr nach und nach. Zu dieser richtigen Behauptung gesellten sich in seinem Buch aber auch eine Menge an falschen: zum Beispiel, dass Bisons sich durch das Ausstoßen von Kot verteidigen könnten und dabei eine Reichweite von sieben Metern hätten oder dass sich die Zahl der Zähne bei Frauen und Männern unterscheide.

Leider entschloss sich die Welt, die richtigen Erkenntnisse von Aristoteles wieder zu vergessen. Vielmehr wurden im 17. Jahrhundert wieder die ganz alten Thesen populär: Es gab

Ovulisten, die glaubten, dass sich im Ei der Frau bereits vorgeformte Menschenlarven befänden – komplett mit Organen, Kopf und Füßen. Die sogenannten Animalkulisten behaupteten dasselbe vom Spermium. Einige Forscher gingen sogar noch einen Schritt weiter und behaupteten, dass der Winzmensch im Sperma wiederum Sperma besäße, in dem sich ein noch viel kleinerer Mensch befinde – und so weiter. Gott, so waren sie überzeugt, hatte also nach dem Matrjoschka-Prinzip alle folgenden Nachkommen bereits im Sperma der jeweils vorhergehenden Generation hinterlegt.

In einer solchen Theorie ist natürlich kein Platz dafür, dass sich Lebewesen über die Zeit verändern. Affen hatten also auch keinerlei Verwandtschaft zu Menschen: Gott hatte, so war man sich sicher, alle Lebewesen einzeln erschaffen, und seit dieser Schöpfung existierten sie alle nebeneinanderher. Dann kam das Zeitalter der Aufklärung, und der allmächtige Schöpfer zog sich nach und nach aus den geltenden wissenschaftlichen Theorien zurück. Der französische Biologe Jean-Baptiste Lamarck (1744 – 1829) wagte den ersten Schritt und veröffentlichte ein Buch, das die neu entwickelten Theorien zusammenfasste. Er war Verfechter der sogenannten sanften Vererbung: Ein Lebewesen, erklärte er, könne Erfahrungen machen, sich durch diese Erfahrung verändern und diese Veränderung dann an die nächsten Generationen weitergeben. So könnten sich immer komplexere Lebensformen entwickeln. Der Mensch, die komplexeste Lebensform, müsse daher die Lebensform sein, die am längsten existiere. Die Giraffe etwa hätte ihren langen Hals dadurch bekommen, dass sie ihn immer wieder Richtung der höchsten Zweige strecke. Dabei würde ein «Nervenfluid» in den Hals fließen und ihn länger machen. Auch wenn die Theorie nicht stimmte, brachte

Lamarck den Stein ins Rollen. Seine Ideen zu den Artenfamilien war allerdings noch althergebracht: Die Familie der Menschen war völlig getrennt von den Familien aller anderen Lebewesen, es gab keine Verbindung zwischen Affen, Menschen, Katzen und Algen. Auch ins Reich der Irrtümer passt eine Theorie, die der Naturforscher Étienne Geoffroy Saint-Hilaire etwa zeitgleich zu den Veröffentlichungen von Lamarck vertrat: Er spekulierte, dass sich eine Art Evolutionsdruck aufbaut. Wie ein durch Überdruck platzender Ballon, meinte er, könnten sich durch Evolutionsdruck auch sprunghaft Vögel aus Reptilien bilden.

Während solche Theorien florierten, unternahm Charles Darwin eine Schiffsreise. Auf der HMS Beagle – die Royal Navy gab ihren Schiffen damals häufig Tiernamen – fuhr er in die noch schlecht kartographierten Gebiete Südamerikas. Darwin bezeichnete die Reise später als das wichtigste Ereignis seines wissenschaftlichen Lebens. Und offenbar musste er sich auf dem Schiff keinerlei Gepäckbegrenzungen oder Zollbestimmungen unterwerfen: Er brachte 770 Tagebuchseiten, über 1500 in Spiritus eingelegte Arten und fast 4000 Häute, Felle, Knochen und Pflanzen von der Reise mit nach Hause. Die Vögel, die er auf den Galapagosinseln gesammelt hatte, gab er dem Vogelkundler John Gould und vergaß sie eine ganze Weile. Gould aber schloss nach eingehender Betrachtung etwas, das Darwin aufhorchen ließ: Zwischen diesen Vögeln sei keine klare Artentrennung möglich. Aber wenn eine klare Trennung unmöglich war, konnte es dann nicht auch sein, dass sich Arten in andere Arten wandelten?

Eilig schien Darwin es nicht zu haben, diese Idee niederzuschreiben. Dreiundzwanzig Jahre dauerte es nach seiner Rückkehr, bis die Grundlage der Evolutionstheorie, *On the Origin of*

Species, 1859 schließlich erscheinen sollte. Fünf Ideen standen im Zentrum des Buches: Lebewesen verändern sich über die Zeit, stammen von denselben Urwesen ab, ändern sich in kleinen Schritten, bilden Arten aus und werden ausgewählt durch den Mechanismus der natürlichen Selektion. Zwölf Jahre später, in einem weiteren Buch, schloss er auch den Menschen in diese Familie der Lebewesen ein. Dadurch wurde klar, dass sie plötzlich nicht mehr nur untereinander verwandt waren, sondern auch mit Tieren und Pflanzen und sogar so fundamental anderen Lebewesen wie Pilzen, Stramenopilen wie der Braunalge, Urtierchen und Bakterien. Ganz überraschend bemerkte die Menschheit, dass alles, was um sie herum lebte, mit ihr verwandt war. Die Familie war um ein Vielfaches größer geworden – nicht durch Heirat, sondern durch gründliches, ausführliches und bewusstes Betrachten der Natur.

Kurz bevor Darwin *On the Origin of Species* veröffentlichte, begann in Vražné, einer kleinen Ortschaft in Schlesien, ein Mönch damit, Erbsen zu züchten. Er war gerade zum zweiten Mal durch die Lehrerprüfung gefallen und durfte deswegen weder Naturwissenschaft noch Physik unterrichten. In der Folge widmete Gregor Mendel seine gesamte Aufmerksamkeit den Erbsen. Bei seinem zweiten Versuch glaubte der Prüfer nämlich nicht, dass Fortpflanzung auf der Verschmelzung des männlichen Spermiums mit der weiblichen Eizelle basierte, Mendel aber war sich sicher, dass es so war. Er züchtete über 10 000 weibliche und männliche Pflanzen, beobachtete deren Merkmale und führte schließlich eine penible mathematische Analyse durch. Wenn die Erbsenkinder sowohl Eigenschaften der Mutter als auch des Vaters besaßen, würde ihn dies bestätigen. Wiesen sie jeweils nur Merkmale der männlichen oder weiblichen Pflanze auf, wäre sein Prüfer im Recht. Mendel triumphierte. Es gab Eigenschaften, die sich immer durchsetzten, egal, ob sie von der weiblichen oder männlichen Pflanze stammten – sogenannnte dominante Eigenschaften. Dank seines strikten Vorgehens konnte er sogar exakt angeben, wie wahrscheinlich die Weitergabe verschiedener Eigenschaften war. Wir Menschen sind keine sortenreinen Erbsenpflanzen, wie Mendel sie zur Verfügung hatte. Wenn aber beide Eltern braune Augen haben, ist es sehr unwahrscheinlich, dass ihre Kinder blaue Augen bekommen, und dafür hatte Mendel eine Erklärung gefunden.

Mendels und Darwins Theorien ergänzten sich hervorragend: Der eine erklärte, wie Eigenschaften bei der Fortpflanzung vererbt werden, der andere, was über viele Generationen hinweg passierte. Aber im Gegensatz zum Bestsellerautor Darwin war Mendel ein erbsenzüchtender Mönch ohne Lehrbefugnis. Er trug seine Arbeit im Naturforschenden Verein in Brünn vor und schrieb einen Artikel, der in der Zeitschrift derselben Organisation gedruckt wurde. Erst 15 Jahre nach Mendels Tod wurden seine Artikel wiederentdeckt, als andere Biologen dieselben Forschungen anstellten, zu denselben Ergebnissen kamen und sich eingestehen mussten, dass Mendel schon alles gesagt hatte. Mendel, der wehrhafte Mönch, schaffte es, nur durch Erbsenzucht eine weitreichende wissenschaftliche Entdeckung zu machen.

Wie genau wir jetzt mit der Banane verwandt sind, konnten Darwin und Mendel aber auch nicht genau sagen. Erst die Forschung zweier Chaoten, Francis Crick und James Watson, beide Doktoranden in Cambridge, erlaubt uns heute festzustellen, über wie viel Ecken wir mit Dschingis Khan verwandt sind und ob unsere Eltern wirklich unsere Eltern sind. Vor der großen Entdeckung der beiden 1953 war Crick vor allem bekannt als unproduktive Labertasche: «Seit 35 Jahren hat Francis nun schon ununterbrochen geredet, und bisher ist so gut wie nichts von entscheidendem Wert dabei herausgekommen», sagte sein Laborchef über ihn. Nachdem er einige Jahre lang für die Marine gearbeitet hatte, studierte er Biologie und versuchte, am legendären Cavendish-Labor in Cambridge zu promovieren. Sein zukünftiger Konterpart, James Watson, war hingegen schon als Schüler außerordentlich begabt. Er gewann die populäre Radiosendung *Quiz Kids* und schrieb sich an der Uni Chicago für Zoologie ein. Im Studium drückte er sich dann aber, so gut es ging, vor Chemie und Physik. Er wollte sich um Vögel kümmern – und nur um Vögel. Als sich dann beide am Cavendish-Labor trafen, war es wissenschaftliche Liebe auf den ersten Blick. Fachlich waren beide nicht sonderlich begabt, aber sie waren bereit, hart und lange zu arbeiten. Sie fassten den Nobelpreis ins Auge und wussten auch schon, was sie dorthin führen sollte: die DNA. Sie, so waren beide überzeugt, war ein wichtiger Baustein des Lebens, und gemeinsam würden sie herausfinden, wie sie aufgebaut ist. Experimente führten sie nie selbst durch, sie verließen sich auf Strukturuntersuchungen zweier Kollegen aus London, Rosalind Franklin und Maurice Wilkins – und niedrige Dosen von LSD, wie in einem Interview später herauskam. Nach dem endlosen Hin- und Herschieben von Pappmodellen, blamablen Präsentationen, fehlerhaften Annahmen und Korrekturen durch andere Forscher hatten sie die zündende Idee, die ihnen später den Nobelpreis bescheren sollte: Wie ein Puzzle bauten sie ein komplettes, dreidimensionales Modell der DNA und schrieben einen Artikel darüber, der gerade mal 900 Worte lang war (etwa ein Drittel dieses Kapitels). Dafür wurden sie zusammen mit Wilkins 1962 mit dem Nobelpreis für Physiologie und Medizin ausgezeichnet. Eine Auszeichnung, die bis heute umstritten ist: Wilkins kopierte heimlich die Notizen von Rosalind Franklin, um diese an Crick und Watson zu schicken. Außerdem hatten die beiden nie ein eigenes Experiment für ihre Forschungen durchgeführt. Inzwischen werden sie häufig als Beispiel für schlechte Forschungspraxis angeführt. Dass ihre Entdeckung aber phänomenal wichtig war, bestreitet bis heute niemand.

Es braucht also weder die Bernoullis noch die Cassinis oder die Leaky-Familie. Die Naturwissenschaft hat gezeigt, dass alle Lebewesen der Erde eine riesige Dynastie bilden. Wäre Vererbung ein Auto, würden die Geisteswissenschaften einsteigen und passabel damit fahren, aber die Naturwissenschaften haben herausbekommen, wie der Motor funktioniert. Auch, wenn uns mit der süßen Katze aus dem Youtube-Video scheinbar nichts verbindet, lässt sich irgendwo in weiter Vergangenheit ein gemeinsamer Verwandter finden. Und das ist viel mehr wert als eine Großfamilie, die Macht oder Wissen unter sich aufteilt – und das über Generationen hinweg.

➤ Game of Thrones 2.0 ➤

Dass wir alle miteinander verwandt sind, ist nichts Neues. Ja, die Naturwissenschaften haben herausgefunden, wie man beweisen kann, wer mit wem verwandt ist. Trotzdem geht es in dieser Runde um Dynastien, um Machtstrukturen und Entscheidungen, die innerhalb dieser Clans gefällt wurden und die unsere heutige Welt geprägt haben. Die Naturwissenschaft hat auf diesem Gebiet nichts vorzuweisen – was der Trainer auch selbst weiß, denn sonst hätte er die Bernoullis und Co. am Ende der Runde nicht so schnell aus dem Ring genommen. Das Team Naturwissenschaften weiß genau, dass es auf diesem Gebiet eine Niederlage erleiden würde, daher das Erbsen-lastige Ablenkungsmanöver. Die Erbsen werden von den schweren Mänteln unserer Kämpfer aber einfach beiseitegefegt. Denn unsere Aufstellung in dieser Runde besteht aus einigen VIPs, denen man am besten nicht in die Quere kommen sollte. Die Naturwissenschaften sind vorgewarnt – auf geht's.

Familien sind oft Ursprung der schrägsten Geschichten. Norman Bates und seine Mutter aus dem 60er-Jahre-Horrorfilm *Psycho* von Alfred Hitchcock hatten eine ganz besondere Beziehung. Wenn wir in die Geschichtsbücher schauen, finden wir unzählige Mutter-Sohn-Beziehungen, die vielleicht nicht wie in *Psycho* enden – der Sohnemann plauscht abends gern mit der ausgestopften Leiche seiner Mutter –, aber sie spielen ungefähr in derselben Liga. Wenn man lange genug gräbt, findet sich Unglaubliches, Trauriges, Schräges und Geheimnisvolles. Schmisse man die *Sopranos, Dallas, Gossip Girl, House of Cards* und eine kleine Portion Wahnsinn in einen Topf, zöge den Serienfiguren ihre Pailletten und Schulterpolster ab und würde das Ergebnis in die Vergangenheit versetzen, kämen die folgenden Familien (und Familienoberhäupter) dabei heraus. Wir könnten zu Beginn gleich eine komplette Dynastie in den Ring schicken – stattdessen setzen wir aber ein Zeichen und schicken zwei Einzelkämpferinnen voraus, die ihre Familien vertreten. Sie sind gerissen, geschickt und haben Kampftaktik und strategisches Denken von Kindesbeinen auf gelernt. Los geht's mit einer Frau, mit der man sich gut stellen sollte – da hält Mendel besser seine Erbsen fest.

Julia Agrippina, auch Agrippina die Jüngere genannt, war

eine der mächtigsten Frauen im alten Rom. Sie war von edelster Abstammung, ein A-Promi sozusagen – Augustus war ihr Urgroßvater, sie selbst die Schwester von Kaiser Caligula und die Mutter von Kaiser Nero. Privat war das Zusammenleben allerdings wenig harmonisch und gleicht einem Thriller-Plot: Ihr Bruder Caligula ging angeblich mit seinen Schwestern ins Bett. Nach dem Tod seiner (verheirateten) Lieblingsschwester Drusilla soll er endgültig wahnsinnig geworden sein und wurde schließlich erstochen. Nach dem Tod ihres Bruders heiratete Agrippina ihren Onkel Kaiser Claudius. Aus erster Ehe hatte sie schon einen Sohn – den später berüchtigten Nero. Sie überzeugte ihren Ehemann davon, Nero zu adoptieren.

Angeblich fielen eine Menge Menschen Agrippinas Intrigen zum Opfer. Sie soll beispielsweise an der Vergiftung ihres Ehemannes Claudius beteiligt gewesen sein. Wäre sie ein Mann gewesen, wäre die Kritik an ihr allerdings mit Sicherheit deutlich schwächer ausgefallen – die damalige Geschichtsschreibung wurde von Männern verfasst, und Frauen, die nicht den geltenden Rollenbildern entsprachen, wurden oft mit sexistischer Feder gezeichnet. Zudem waren die Schreiber meist Senatoren, die ihre eigene politische Agenda in ihren Text einflochten.

Als Nero 54 seine Herrschaft antrat, gelang es Agrippina als geschickter Politikerin, großen Einfluss auf ihn auszuüben. Sie war die erste Frau, die auf der gleichen Münze wie ein herrschender Kaiser abgebildet war. Dass der Sohnemann seine Mutter auf diese Weise ehrte, ist ein Zeichen für ihre Stellung in Rom. Das Ganze änderte sich jedoch bald. Die Versionen von Agrippinas Machtverfall variieren, je nachdem, welchen antiken Autor man zu Rate zieht. Laut dem

Geschichtsschreiber Tacitus begann der mittlerweile verheiratete Nero eine Affäre mit der ehemaligen Sklavin Claudia Acte, worauf Agrippina angeblich nicht besonders souverän reagierte: Sie beschimpfte Neros Geliebte wüst. So ganz klar wird ihre Motivation (eifersüchtige Mutter?) allerdings nicht. Andere Autoren wie Sueton oder Cassius Dio erzählen von einer Affäre Neros mit der verheirateten Poppaea Sabina, die die Mutter-Sohn-Beziehung nachhaltig beschädigte. Ein stimmiges Bild ergibt das alles nicht. Vielleicht ging es aber auch gar nicht um die Geliebte, sondern um die Pläne Agrippinas, einen anderen auf den Thron zu setzen?

Sicher können wir uns wohl nur hierin sein: Die Darstellungen von Agrippina, die uns überliefert sind, zeichnen sie als dominante Frau, die Grenzen überschritt. Natürlich handelt es sich hierbei nicht um eine reine Tatsachenbeschreibung, vielmehr diente die Darstellung der Frauen im Leben eines Kaisers immer auch als Kommentar zu dessen Herrschaft, wie die Historikerin Judith Ginsberg schreibt. Was auch der Grund dafür gewesen sein mag, dass Agrippina Neros Gunst verlor – ihr Ende war brutal. Auch hier gibt es verschiedene Schilderungen: Vom von Nero geplanten Bootsunglück zur mechanischen Decke, die seine Mutter zerquetschen sollte, ist alles mit dabei. Letzten Endes scheiterten all diese Versuche, und Nero ließ seine Mutter erstechen. Das hinderte ihn jedoch laut Tacitus nicht daran, bei der Betrachtung ihrer Leiche einen Kommentar über die Schönheit ihres Körpers abzugeben, der, ob wahr oder nicht, der Geschichte den ultimativen Norman-Bates-Beigeschmack gibt.

Agrippina ist nicht die Einzige, die als der Inbegriff der herrischen Mutter in die Geschichte eingegangen ist. Zu ihr gesellt sich Olympias, die Mutter von Alexander dem Großen.

Sie war verheiratet mit Alexanders Vater Philipp II. als dessen vierte Frau – die makedonischen Könige lebten polygam. Die Ehe wird bei Plutarch als eine Liebesehe beschrieben, von körperlicher Anziehung getrieben: Damit legt Plutarch Olympias bereits als eine Figur an, deren Sexualität relevant für ihren Aufstieg ist. Dass die Ehe ein Bündnis der Makedonier mit den benachbarten Molossern besiegelte, fällt dabei unter den Tisch.

Olympias wird von antiken Autoren als eifersüchtige, machtbesessene Frau beschrieben, die mit allen Mitteln um ihren Platz als erste unter Philipps Frauen kämpfte – und zudem die Zukunft ihres Sohnes als wahrer Thronfolger im Blick hatte. Einige lasten ihr auch die Ermordung Philipps an. Im historischen Cluedo-Spiel darum, wer's denn jetzt war, fiel Olympias' Name oft. Auch hierbei wird als Grund meist eine andere Frau angegeben, denn Philipp hatte erneut geheiratet: diesmal Kleopatra, eine Makedonierin. Bisher hatte Philipp neben Olympias' Sohn Alexander nur einen weiteren männlichen Nachfahren, der aber angeblich geistig behindert war. Alexanders Position als Thronfolger geriet durch eine mögliche Schwangerschaft Kleopatras in Gefahr. Olympias' angebliche Eifersucht brachte auch ihren Sohn gegen seinen Vater auf, kurz: Es gab Stress.

Einen anderen Grund liefert uns Plutarch. Attalus, Onkel der neuen Ehefrau, provozierte Alexander bei einem Bankett damit, dass durch die Heirat endlich die Möglichkeit bestehe, einen würdigen Thronfolger zu gebären.

Alexander schmiss daraufhin mit seinem Becher nach ihm, Attalus warf zurück: Diese Sandkastenregeln waren gang und gäbe am makedonischen Hof – mit großer Häufigkeit gab es Saufgelage und Prügeleien. Das Verhältnis von Alexander zu seiner Mutter war also sehr eng (hier blinkt das Inzest-Schild auf). Einige Quellen deuten in diese Richtung, zumal er nie großes Interesse an anderen Frauen zeigte und zu spät heiratete. Sehr viel plausibler ist jedoch die Interpretation der Historikerin Elizabeth Carney: Gut möglich, dass Alexander seiner Mutter einfach näher stand. Diese Beziehung erschließt sich logisch aus dem polygamen Umfeld des Hofes, an dem jede Mutter für die Thronfolge ihres Sohnes kämpfte.

Nach dem Mord an Philipp erstickte Alexander alle Gerüchte im Keim, nach denen er oder seine Mutter etwas mit der Sache zu tun hatten. Er bestieg den Thron, schaltete kurzerhand die Konkurrenz aus und brachte unbequeme Stimmen unter den makedonischen Adeligen zum Schweigen. Alle, die eine Bedrohung für ihn werden konnten oder die angeblich an der Ermordung Philipps beteiligt waren, wurden einen Kopf kürzer gemacht – damals gängige Praxis.

Olympias war wohl auch nicht ganz untätig: Laut Justin brachte sie erst die Tochter ihrer Rivalin Kleopatra in deren Armen um und zwang diese dann, sich zu erhängen. Zudem soll sie für die Tode von Philipp Arrhidaios (dem angeblich geistig behinderten Halbbruder Alexanders), seiner Frau Eurydike und der Unterstützer von Kassander (weitere lange Geschichte) verantwortlich sein. Stimmt die Horror-Geschichte von der Säuglingsermordung, nach der Olympias das Baby ihrer Rivalin Kleopatra in deren Armen meuchelte? Wissen wir nicht genau. Sicher ist aber das: Olympias' Taktieren, Kalkulieren und Morden aus politischer Notwendigkeit heraus wurde viel stärker negativ dargestellt, weil sie eine Frau war. Dass auch Frauen Machtgelüste haben können, passte den antiken Geschichtsschreibern eben nur bedingt in den Kram.

Nach diesen beiden unbequemen Einzelkämpferinnen wird Boxen jetzt zur Mannschaftsdisziplin. Die Nächsten im Ring sind wahre Schwergewichte: die Medici, der gefürchtetste Clan der Renaissance. Ab und an trifft ein Schlag auch ein eigenes Familienmitglied, aber gegen Feinde von außen gehen sie umso ruchloser vor – insofern werden die zerstrittenen Bernoullis wohl ziemlich eins aufs Dach kriegen.

Die Medici gelten bis heute als ein Synonym für Macht, Tyrannei, unermesslichen Reichtum und Mäzenatentum: die Paten der Renaissance quasi. Der Aufstieg dieser florentinischen Bankiersfamilie in die höchsten Ämter, die die Stadt zu bieten hatte, war unvergleichlich und lieferte im 14. und 15. Jahrhundert den Stoff für zahllose Legenden. Ähnlich wie bei den Borgias aus Valencia (mittlerweile ja blutig und sehr nackt in einigen TV-Adaptionen auf den heimischen Bildschirm gebracht) findet sich in dieser Familiendynastie alles, was eine gute Telenovela braucht: Sex, Geld, Verrat und viel, viel Macht.

Ende des 14. Jahrhunderts gründete Giovanni di Bicci de' Medici die Medici-Bank. Neben Krediten, Einlagen und Geldtransfers erwirtschaftete er sein Einkommen auch in der Textilindustrie. Seine Söhne Cosimo und Lorenzo traten in seine Fußstapfen. Lange ging das nicht gut: Die Medici-Partei und die Oligarchen unter Führung von Rinaldo degli Albizzi zerstritten sich, Cosimo fiel in Ungnade. Er entging knapp einem Todesurteil, wurde aber 1433 zum Tyrannen erklärt und aus Florenz verbannt. Das Exil hatte nach nur einem Jahr sein Ende – die öffentliche Meinung über ihn schlug ins Gegenteil um. Auf wessen Grabstein «Pater Patriae» steht, muss irgendetwas richtig gemacht haben. Auch nach Lorenzos Tod 1440 wuchs der Reichtum der Familie weiter an. Das Unternehmen der Medici erreichte seine größte Ausdehnung schließlich um 1450.

Eine Regel der Geschichte (ach was, eigentlich eine Universalregel) lautet: Auf den Höhepunkt folgt ein Niedergang – und genau das geschah auch hier. Nachdem Cosimo 1464 gestorben war, ging es zumindest mit der Firma langsam den Bach runter, unter anderem auch, weil sein Sohn Giovanni zuvor zu schnell in Führungspositionen aufgestiegen war, die seinen Fähigkeiten nicht entsprachen. Vetternwirtschaft, die damals an der Tagesordnung war, ging also hier nach hinten los. Giovanni war noch vor Cosimo gestorben, an seine Stelle rückte der jüngere Sohn Cosimos, Piero. Dessen Söhne Lorenzo und Giuliano führten anschließend das Familienunternehmen fort, wiederum mit katastrophalen Folgen. Giuliano wurde schließlich Opfer der sogenannten Pazzi-Verschwörung: Die reichen Familien Italiens waren eng in die päpstliche Politik eingebunden, man stritt um Einfluss, Macht und um die Nähe zum Papst. Alles begann mit einem freien Kardinalsposten – und endete mit einem Attentat (der Plan dazu war zuvor dem Papst, Sixtus IV., vorgestellt und von ihm abgesegnet worden) während einer Messe im Dom von Florenz. Die Priester Bernardo Bandini Baroncelli und Francesco Pazzi erstachen Giuliano de' Medici während des Hochamtes. Auch Giulianos Bruder Lorenzo war anwesend, entkam aber und sann – natürlich – auf Rache. Und die war recht alttestamentarisch. Er ließ alle Verschwörer und Attentäter töten, derer er habhaft werden konnte. Bandini wurde bis nach Konstantinopel verfolgt – es existiert eine Skizze Leonardo da Vincis, die Bandinis aufgehängte Leiche zeigt. Lorenzos Rachefeldzug kannte übrigens keinen Standesdünkel: Auch Erzbischof Francesco Salviati wurde aufgehängt. Lorenzos Blutgericht wurde propagandistisch ausgeschlachtet. Der Papst musste reagieren und exkommunizierte Lorenzo, den er «Sohn der Bosheit» nannte. Wäre wohl auch ein guter Wrestling-Name gewesen. Lorenzo ist nur einer von vielen Medici, die die Bernoullis – wenn diese Glück haben – in die Enge treiben können. Gegen die potenziell tödliche Mischung aus Intrigen, Macht, Ruchlosigkeit und Brutalität der Medici können die Bernoullis mit ihren Zahlen und harmlosen Streitereien nicht ankommen.

Manche Forscher sehen hier etwas, das man das «Buddenbrooks-Syndrom» nennt: je schlimmer die finanzielle Lage, desto größer der politische Einfluss. Zumindest bis zu einem Wendepunkt, nach dem das Ganze endgültig kippt – weshalb viele große Familienunternehmen die dritte Generation nicht überleben. Der Niedergang der Medici-Bank war kein plötzlicher, sondern zog sich hin – und endete schließlich mit ihrem Bankrott und der Vertreibung der Medici aus Florenz. 1494 marschierte der französische König Karl VIII. ein, konfiszierte ihren Besitz und jagte sie aus der Stadt. Es folgte eine Zeit des Exils – und die Rückkehr nach Florenz.

Auch die weitere Geschichte der Medici ist voll von Intrigen, innerfamiliären Tragödien und Verbrechen. Vor allem die jungen Frauen starben meist früh, oft durch Krankheit. Andere starben durch Menschenhand – wie Dianora (1553–1576), die von ihrem Ehemann Pietro de' Medici ermordet wurde, vermutlich erwürgte er sie. Zuvor hatte Pietro seine Frau misshandelt, die sich daraufhin anscheinend in die Arme von Liebhabern flüchtete. Pietro verbannte man nach Spanien, aber er wurde nicht weiter belangt. Ferdinando de' Medici (1549–1609), dritter Großherzog der Toskana, ließ angeblich seinen Bruder sterben, beziehungsweise half nach, um nach dessen Tod das Amt des Großherzogs zu bekleiden.

Dynastien werden durch Eheschließungen am Leben gehalten, Königsgeschlechter verdanken ihr Bestehen oft einigen scharfsinnigen Verwandten, die ihre Protegés lange genug am Leben halten, bis diese sich selbst verteidigen können. Die Mächtigsten sitzen nicht immer in der ersten Reihe, sondern meist ein paar Schritte dahinter. Nicht zu vergessen ist hier Caterina de' Medici. Ihre drei Söhne wurden Könige von Frankreich, das sie selbst auch eine Zeitlang als Regentin regierte. Mit ihrem scharfen politischen Verstand sicherte sie ihren Söhnen den Thron. Sie wird zudem für das Massaker an den Hugenotten verantwortlich gemacht, die sogenannte Bartholomäusnacht von 1572. Zur Hochzeit von Margaret von Valois mit dem protestantischen Heinrich III. von Navarra waren hochadlige hugenottische Gäste angereist, die zusammen mit anderen in der Nacht vom 23. auf den 24. August dem Schlachten zum Opfer fielen. Wie viele getötet wurden, lässt sich nicht genau sagen – die Schätzungen reichen von 5000 bis 30 000.

Von der aufsteigenden Bankiersfamilie zur Erbdynastie: Die Medici haben es weit gebracht – auf Kosten vieler anderer und auch ihrer eigenen Familienmitglieder. Ideal für die Konfrontation im Ring: An jedem Medici-Boxhandschuh klebt auch ein bisschen frisches Blut.

Die Buddenbrooks sind uns im Zusammenhang mit den Medici schon begegnet, da liegt die Hinwendung zu ihrem Schöpfer nahe. Wir springen ein paar hundert Jahre nach vorn: Vorhang auf für die Manns, eine der berühmtesten Dichter-Dynastien der jüngeren Vergangenheit. Die Familie des literarischen Schwergewichts Thomas Mann bietet mehr als genug Stoff für Geschichten, um sich in die illustre Reihe der mächtigen, genialen und verschrobenen Familien einzureihen, die hier gegeneinander antreten.

Es beginnt mit Thomas und Heinrich, den Brüdern, die beide zu Weltruhm kommen sollten, auch wenn Heinrich immer etwas im Schatten seines älteren Bruders stand. Thomas schrieb die *Buddenbrooks*, *Joseph und seine Brüder*, *Doktor Faustus*, *Der Zauberberg* und *Tod in Venedig*, Heinrich zeichnete derweil im *Untertan* ein beißend ätzendes Bild der kaiserlichen Gesellschaft und entlarvte in *Professor Unrat* die Doppelmoral des spießigen Bürgertums. Während Thomas als eher bürgerlich-konservativ gilt, war Heinrich politisch weiter links einzuordnen. Die Dritte im Geschwisterbunde war Carla, eine Schauspielerin, die als Teil der Boheme lebte – sehr zum Missfallen von Bruder Thomas. Ihre Karriere als Schauspielerin kam nicht so richtig in die Gänge, sie zog zunehmend das Missfallen ihrer Familie auf sich. Carla Mann wurde nicht alt – mit nur achtundzwanzig Jahren nahm sie sich mit Zyankali das Leben. Auch die ältere Schwester Julia beging Selbstmord. Die Mann'sche Familie war also keine heile Welt, bei aller Genialität waren die menschlichen Verstrickungen schmerzhaft, die Kluft zwischen den Geschwistern tief. Carla und Heinrich auf der Boheme-Seite, Julia und Thomas auf der bürgerlichen. Frauen endeten in der Familie oft tragisch: Heinrich Manns erste Frau starb an den Folgen ihrer KZ-Haft, seine zweite Frau Nelly brachte sich 1944 um. Katia Mann, Thomas Manns Frau, fungierte als eine Art Managerin für den Schriftsteller, sie widmete sich ganz der Familie und seinem Werk. Die Ehe selbst kann nicht einfach gewesen sein: Als Thomas Manns Tagebücher 1977 erschienen, offenbarten sich darin homosexuelle Neigungen des Literaturstars, die mitunter in den schwammigen Bereich der «Knabenliebe» rutschten.

Die Manns und ihr Wirken haben ganze Generationen von Germanistikstudenten und Lesern geprägt und fasziniert, ihre enorme Bedeutung für die deutsche Literatur ist noch heute zu spüren. Vererbte Genialität, das Aufeinandertreffen unterschiedlichster Charaktere und die persönlichen Tragödien sind es, die die Manns ganz oben auf dem Podest der Literaturgrößen stehen lassen.

Mit Thomas Mann tauchte die Familie zudem in die politische Sphäre ein: Er gilt als die Verkörperung eines Autors, der sich als moralische Instanz versteht. Im amerikanischen Exil machte der deutsche Literaturstar Wahlkampf für Franklin Delano Roosevelt, den er als «neuen Cäsar» bezeichnete und als Kämpfer für das Gute, gegen die Barbarei der Nazis inszenierte. Mann drängte auf einen Kriegseintritt Amerikas, der allerdings erst nach dem Angriff auf Pearl Harbor eingeleitet wurde. Während des Kriegs sendete die BBC Radioansprachen Thomas Manns an «deutsche Hörer», in denen er appellierte, Hitler und den Nazis den Rücken zu kehren. Er malte eine düstere, apokalyptische Zukunft für Deutschland und die ganze Welt, sollte Hitler den Krieg gewinnen.

Die Familie Mann setzte sich aus Geschwisterpaaren zusammen: Katia Pringsheim, Thomas Manns spätere Frau, und ihr Zwillingsbruder Klaus, Thomas und Julia, Heinrich und Carla. Dazu kommen die Kinder von Thomas und Katia Mann: Klaus und Erika, Golo und Monika, Elisabeth und Michael. Klaus und Erika, 1905 und 1906 geboren, sorgten für viel Gerede. Die beiden hatten ein sehr enges Verhältnis – die androgyn wirkenden Geschwister traten oft in gleicher Männerkleidung auf, waren teilweise optisch erst auf den zweiten Blick zu unterscheiden. Es gab Getuschel über Inzest. Getuschel, das noch lauter wurde, als Klaus in seinem Stück *Die Geschwister* von verbotener Geschwisterliebe schrieb und die weibliche Hauptperson 1930 provokant mit seiner Schwester

Erika besetzte. Aber auch damit blieb Klaus, dessen wohl bekanntester Roman *Mephisto* ist, der Familientradition treu: Schon Papa Thomas hatte eine Generation früher mit *Wälsungenblut* 1921 fiktive Geschwister auf einem Eisbärenfell kopulieren lassen. Aber nicht nur Klaus schrieb – auch Erika hatte die Literatur im Blut, sie war Kabarettistin, schrieb Kinderbücher, war Schauspielerin und berichtete als Reporterin über den Spanischen Bürgerkrieg. Das Verhältnis von Erika und Klaus erregte während ihres Exils in Amerika sogar das Interesse des FBI, das sie in einem Bericht als «sexuell Perverse» bezeichnete. Abgesehen von seiner Schwester fand Klaus Frauen uninteressant bis abstoßend, auch er hatte wie sein Vater homosexuelle Neigungen. Faszinierende *enfants terribles* der Moderne: Sie lebten intensiv, reisten viel, schnorrten sich durchs Leben, doch wie so oft in der Familie Mann endete zumindest Klaus Manns Leben im Selbstmord – er nahm eine Überdosis Tabletten.

Dynastien in den Geisteswissenschaften gründen ihren Einfluss auf Verschiedenes: Geburtsrecht, Können, Kalkül, Intrigen. *House of Cards* zelebriert Letzteres – und spielt Netflix damit Unmengen von Geld ein. Die hier aufgeführten Familien hätten da locker mithalten können. Die Geschichte von Dynastien in der Geisteswissenschaft ist auch die Geschichte großer Frauen, die anecken, sich durchsetzen. Was Francis Underwood kann, konnten Olympias oder Agrippina schon vor langer, langer Zeit. Und zu unserem naturwissenschaftlichen Mönch auf der Erbse: Mendel ist sowohl Teil der Theologie als auch der Wissenschaftsgeschichte und damit ein Mann zwischen den Fronten. Das Schattenboxen der Naturwissenschaften kann nicht darüber hinwegtäuschen, dass hier ein ganz deutlicher Pappkamerad aufgestellt wurde.

Und: Anaxagoras und Aristoteles lassen sich genauso gut den Geisteswissenschaften zuordnen. Womit die Naturwissenschaftlerecke am Ende dieser Runde potenziell noch leerer wird! Die Entscheidung über diese Runde kann eigentlich nur einstimmig erfolgen.

4. Runde

Der beste Diss

➤ Eine Beleidigung kommt selten allein ➤

Die Atmosphäre auf den Rängen ist fiebrig, gespannt, die Augen der Zuschauer sind fest auf die Trainingsbank gerichtet. Wer wird als Nächstes in den Ring steigen? Noch ist nichts entschieden – noch ist der Sieg für beide Seiten greifbar. Die Sprechchöre lassen den Brustkorb vibrieren, La-Ola-Wellen fließen durch die Menschenmenge. Die nächste Runde ist eine ganz besondere – die Fans der Geisteswissenschaften wissen ganz genau, dass sie auf diesem Gebiet Athleten in Hochform in petto haben.

In den Geisteswissenschaften dreht sich alles um Sprache, um den Menschen, Beziehungen und ganz allgemein um Produkte des Geistes. Und wann immer es um zwischenmenschliche Beziehungen geht, sind Verstimmungen, Missgunst und Streit auch mit von der Partie. Wie man damit umgeht, ist von Mensch zu Mensch unterschiedlich – dank des Werkzeugs Sprache stehen uns eine ganze Reihe von Reaktionsmöglichkeiten offen. Häufig antwortet der ein oder andere mit ganz besonderen «Sprachtools», um mehr oder weniger subtil einen Treffer bei der Gegenseite zu landen. Ob Spitzzüngigkeit, Sarkasmus oder Ironie – manche schießen mit verbalen Kanonen, andere piksen so geschickt und klug, dass die Beleidigung erst auf den zweiten Blick auffällt.

Wenn Geisteswissenschaftler sich fetzen, kann es schon mal fies werden – nur eben in gestochener Sprache. Statt «XY stinkt» auf die Klotür zu schmieren, kleidet man seine (natürlich fachlich fundierte) Kritik an anderen in feine sprachliche Gewänder.

Die Virtuosen der Sprache gegen die Bastler in den Laborkitteln – in dieser Runde, wo es auf Scharfzüngigkeit ankommt und wir auf tausende Jahre Geschichte des Dissens zurückgreifen können, dürfte der Ausgang klar sein. Aber weil es zur Natur des Dissens gehört, auch dann weiterzumachen, wenn der Feind schon am Boden ist, läuft diese Runde ganz einfach als Machtdemonstration der Geisteswissenschaften ab. Dabei geht es übrigens nicht darum, zu entscheiden, wer recht hat – das versuchen Wissenschaftler seit Jahrzehnten herauszufinden –, sondern um die Originalität und sprachliche Finesse der Auseinandersetzung. Pluspunkte gibt es außerdem für besonders raffinierte Beleidigungen.

Dass Geistes- und Naturwissenschaften sich gegenseitig nicht wirklich grün sind, ist eine neuere Entwicklung – noch vor ein paar Jahrzehnten gab es zumindest einige Universalgelehrte, die gar nicht eindeutig einer Seite zuzuordnen waren und eine solche Trennung auch nicht für sinnvoll gehalten hätten. Einer von ihnen war Bertrand Russell (1872 – 1970): Der Brite war Nobelpreisträger, Logiker, Mathematiker, Historiker, Philosoph und Schriftsteller. Von ihm stammt übrigens die

Teekannen-Analogie («Russell's Teapot»), in der er feststellt, dass es an dem liegt, seine Behauptungen zu beweisen, der wissenschaftlich nicht verifizierbare Aussagen trifft. Russell sagte, es sei unmöglich, die Behauptung zu widerlegen, dass eine Teekanne um die Sonne kreise. Negative Beweisführung funktioniert nicht – hier bezieht sich Russell vor allem auf Gottesbeweise. Aber was werfen sich Natur- und Geisteswissenschaften denn dann gegenseitig vor?

Die Mathematiker rümpfen die Nase über die angebliche Ungenauigkeit geisteswissenschaftlicher Forschungsergebnisse, bei denen es kein kategorisches «richtig» und «falsch» gibt. Die Historiker werfen den Naturwissenschaftlern im Allgemeinen gern vor, sie gingen mit den Scheuklappen ihres Faches durch die Welt und könnten den Kontext von Geschehnissen nicht sehen und sie damit auch nicht in ihrem Kern verstehen. Ich bin Historikerin und Germanistin – und aus dieser Perspektive habe ich auch mein Team zusammengestellt: Ich schicke die Kandidaten in den Ring, die den Naturwissenschaften am deutlichsten und überzeugendsten zeigen können, dass weltumwälzende Veränderungen, Genie und mitreißende Entdeckungen auch jenseits von Bunsenbrennern zu finden sind.

In Zeiten des Internets lebt jeder Diss ewig, der per Twitter abgesondert wird. Nun sollte man meinen, Twitter wäre nicht sonderlich staatstragend – aber wie wir alle wissen, hat sich das im November 2016 geändert. Beleidigungen und Affronts gab es auf politischer Ebene allerdings schon immer, auch wenn sich mancher das gar nicht so recht vorstellen kann. Bereits im Mittelalter machten sich die Mächtigen gegenseitig (und gern auch vor Publikum) das Leben schwer. Wir erinnern uns an die Streithähne Gregor VII. und Heinrich IV. und das

Drama, das sich bei Canossa abspielte. Diese beiden hartgesottenen Kämpfer betreten jetzt noch einmal den Ring. Mit Gregor bestieg ein Vertreter des offensiven Reformpapsttums den Heiligen Stuhl in Rom. Hätten Gregor und der römisch-deutsche Kaiser Heinrich IV. ihren Beziehungsstatus bei Facebook angegeben, hätte dort wohl «Es ist kompliziert» gestanden. Gregor forderte, dass die Kirche über allem stehen solle, also auch über dem Kaiser. Das machte er mit seinem *dictatus papae* von 1075 unmissverständlich klar. Dabei handelte es sich um 27 Punkte, die den universalen Machtanspruch des Papstes absteckten.

Viel gestritten wurde auch um Simonie. Einfach gesagt ging es da um die Bezahlung zur Erlangung bestimmter Ämter, in diesem Fall Bischofs- oder Kardinalsämter. Die Forderung nach einer stärkeren Trennung zwischen Klerikern und Laien war für Heinrich ein großes Problem, da eine solche Diskussion auch die sakrale Würde seines Königtums in Frage stellte. Der Begriff des Investiturstreits deckt die Tragweite der Auseinandersetzung zwischen König und Papst deswegen nicht ganz ab: Es ging nicht nur um die Besetzung von Ämtern, sondern auch um die Verhandlung der Machtverhältnisse zwischen Weltlichem und Geistlichem. Heinrich sah sich als von Gott eingesetzter, gesalbter König, der sich daher niemandem unterzuordnen hatte. Wenn der Herrscher aber als Laie galt und die Trennung zwischen den beiden Sphären streng als solche erkannt wurde, musste er sich beim Regieren auf die Kirche stützen und sie so als höhere Autorität anerkennen. Dadurch geriet das Fundament des Königsamtes, seine Heiligkeit, in Gefahr. Das konnte Heinrich überhaupt nicht gebrauchen: In seinem Reich brodelte es ohnehin schon zwischen verschiedenen Gruppierungen des Adels. Diese empörten sich über seinen absoluten Herrschaftsanspruch, der ihren eigenen Interessen und Machtplänen entgegenstand. Dauerhafte Konflikte mit Sachsen – das als «Küche des Kaisers» galt, also den Hauptteil der Versorgung des Hofstaats trug – bedeuteten, dass Heinrich stark auftreten musste.

Und genau wie heute galt damals die Taktik: Wenn du Stress in deinem Land hast, fang Streit mit einem Dritten an. Dann legt sich die innere Unruhe, weil alle abgelenkt sind. Beim Hoftag zu Worms 1076 provozierte Heinrich Rom in ungeheurer Weise. In einem Brief übermittelte er dem Papst folgende Worte: «Heinrich, König nicht durch Usurpation, sondern fromme Anordnung Gottes, an Hildebrand, nicht mehr den Apostelnachfolger, sondern falschen Mönch [...] So steige du denn, der du durch diesen Fluch und das Urteil aller unserer Bischöfe und unser eigenes verdammt bist, herab, verlasse den apostolischen Stuhl, den du dir angemaßt hast. [...] Ich, Heinrich, durch die Gnade Gottes König, sage dir zusammen mit allen meinen Bischöfen: Steige herab, steige herab!!»

Harter Tobak! Aber eins nach dem anderen: Der erste Affront liegt nicht in der unverschämten Aufforderung zum Abtreten, sondern bereits in der Anrede. Heinrich schreibt «Hildebrand», nicht «Gregor» – und spricht seinem Gegner schon hier das Papsttum ab, indem er sich weigert, dessen päpstlichen Namen zu verwenden (vom «falschen Mönch» und «Fluch» ganz zu schweigen). Das wäre heute vielleicht vergleichbar damit, dass ein ausländisches Staatsoberhaupt einen Brief an Angela Merkel mit der Anrede «Liebe Angie» beginnen, sie zum Abtreten auffordern und ihr am Ende unterstellen würde, sie sei gar keine richtige Politikerin. Der Papst allerdings dachte gar nicht daran, den Apostolischen Stuhl zu verlassen, sondern schmiss Heinrich kurzerhand aus der Kirche und erklärte ihn für abgesetzt. Damit hatte Heinrich ein gewaltiges Problem: Die Angehörigen des Reiches waren nicht länger an den Treueeid gebunden, den sie ihm als König geleistet hatten. Wie es weiterging, haben wir ja schon im zweiten Kapitel gesehen: Nach dem größten Diss kam der krasseste Bußgang.

Schließen wir die Runde der spitzzüngigen Schwergewichte mit dem König der Könige unter den Giftspritzen ab: Gotthold Ephraim Lessing (1729–1781)! Einer der ganz Großen der deutschen Literatur, dem wir Werke wie *Minna von Barnhelm, Nathan der Weise, Die Juden, Emilia Galotti* und *Miss Sara Sampson* verdanken (alles Theaterstücke, nur der Vollständigkeit halber). Lessings Talent erstreckte sich allerdings nicht nur auf das Verfassen von Dramen und Essays, er war auch ein Meister der raffinierten und gemeinen Beleidigung. Lessing hatte überhaupt kein Problem damit, scharf auf andere Literaturgrößen zu schießen. So erging es zum Beispiel auch Johann Christoph Gottsched (1700–1766), dessen Poetik mit dem Titel *Versuch einer critischen Dichtkunst vor die Deutschen* vor Lessing als das A und O der deutschen Dichtkunst galt. Über Gottsched hatte Lessing wenig Schmeichelhaftes zu sagen: «‹Niemand›, sagen die Verfasser der Bibliothek, ‹wird leugnen, daß die deutsche Schaubühne einen grossen Teil ihrer ersten Verbesserung dem Herrn Professor Gottsched zu danken habe.› Ich bin dieser Niemand; ich leugne es gerade zu. Es wäre zu wünschen, daß sich Herr Gottsched niemals mit dem Theater vermengt hätte.» Ein ziemlich fieser Haken und doch voller Eleganz, oder?

Über den Schriftsteller Johann Jakob Dusch schrieb Lessing 1760: «Ist es nicht offenbar, daß er ohne zu denken schreibt?» Neben Dusch bekam auch der Dichter Christoph

Martin Wieland sein Fett weg – niemand war vor Lessing sicher. «Bewundern Sie den neuen Reformator! Die ungeschickte Einteilung! – Das schreibt nun Herr Wieland so hin!» Von Empörung über Fassungslosigkeit bis hin zu triefendem Sarkasmus ist alles dabei: «Allein was geht Herr Wielanden das Gründliche an? Er ist ein erklärter Feind von allem, was einige Anstrengung des Verstandes erfordert, und da er alle Wissenschaften in ein artiges Geschwätze verwandelt wissen will, warum nicht auch die Theologie?»

Mitunter – wenn auch selten – hat Lessing einen Moment der Selbstironie, der die Boshaftigkeit aber irgendwie noch steigert, wie zum Beispiel nach einem schonungslosen Verriss Wielands, an den er mit folgenden Worten anschloss: «Aber ich glaube, ich fange an zu spotten; und das möchte ich nicht gern.»

Nicht jede historische Figur war so spitzzüngig wie Lessing. Mehr noch, manchmal können wir uns nicht einmal sicher sein, ob es sich um den Akt eines Wahnsinnigen handelt oder ob sich das besagte Zitat nicht doch noch als clevere Beleidigung entpuppt. So ist es bei unserem nächsten Kämpfer, dessen legendäre Unberechenbarkeit seine Gegner jetzt schon nervös werden lässt.

Wir reisen noch mal ins alte Rom und werfen einen Blick auf den Kaiser, der lange als Paradebeispiel für den «Cäsarenwahnsinn» galt: Caligula (12 – 41 n. Chr.). Er ist uns schon einmal begegnet im Zusammenhang mit seiner Schwester Agrippina der Jüngeren. Erst 24 Jahre alt, als er den Thron bestieg, zeigte er rasch absolutistische Tendenzen und strebte eine Entmachtung des Senats an. Seine angebliche Ankündigung, sein Lieblingspferd Incitatus zum Konsul zu machen, wurde von Historikern wie Cassius Dio und Sueton als Indiz für seinen Wahnsinn gesehen. Wir erinnern uns: Geschichtsschreiber in Rom waren Senatoren und hatten daher, anders als es heute unter Historikern üblich ist, eine politische Agenda, die mehr oder weniger offen in ihr Werk mit einfloss. Senatorische Autoren, denen Caligula verhasst war, werteten sein Vorhaben als Zeichen absoluter Verrücktheit. Sie sahen darin einen weiteren Beweis dafür, dass Caligula einfach gewaltig einen an der Klatsche hatte. Neuerer Forschung nach ist es aber durchaus möglich, dass Caligulas Ankündigung, Incitatus zum Konsul zu machen, eine Machtdemonstration und ein übler Scherz auf Kosten der Senatoren war, die ihn nie für voll genommen hatten. Immer gesetzt, dass diese Anekdote denn den Tatsachen entspricht. Ganz nach dem Motto: Was ihr könnt, kann mein Pferd schon lange! Und es kann hinscheißen, wohin es ihm gefällt, und sei es in euren Weinkelch!

Von welch historischer Bedeutung Beleidigungen sein können, haben wir in dieser Runde gesehen. Vielleicht war Caligulas Pferdeaktion ja wirklich ein einziger, gestreckter Mittelfinger, auch wenn keiner seiner Zeitgenossen den Diss offensichtlich so richtig verstanden hat – oder nicht verstehen wollte. Wir sollten jedenfalls froh sein, dass Gregor und Heinrich weder Smartphones noch Twitter nutzen konnten – sonst hätten sie vermutlich noch viel mehr in Schutt und Asche gelegt. Man denke da an #steigeherab (@heinrich kingoftheworld) oder #abgesetzt (@ichbanndich). Ganz zu schweigen von #YOGB1 (you only get banned once – im Jahr 1080 nachgefolgt von #YOGB2).

★ Auf den Schultern der Ätzendsten ★

Gar keine Frage: Die Wissenschaft ist voller Streit. Denn wer sich täglich mit Forschung beschäftigt, entwickelt mit der Zeit eine deutliche Meinung. Man denkt, man weiß, was wahr und richtig ist, und vor allem, was auf jeden Fall falsch ist. Dazu kommt, dass große Genies im Allgemeinen nicht unbedingt die sozial verträglichsten Menschen sind und dass sie häufig an Kritikunfähigkeit leiden. Eine Beschreibung, die uns direkt zum ersten Kandidaten bringt: Isaac Newton. Er galt sowieso nie als angenehmer Mensch, und es ist eine Menge bekannt über seine Fehden mit anderen Forschern. Dabei hielt er sich selten mit einem Opponenten auf: Während sein letzter Gegner noch röchelte, nahm er sich schon den nächsten vor. Der deutsche Universalgelehrte Gottfried Wilhelm Leibniz – noch so einer, der schwer einer Ecke zuzuordnen ist – war also nicht zu beneiden, als er in einen Streit mit Newton geriet. Es ging um nichts Geringeres als die Ehre, der wahre und erste Entdecker dessen zu sein, was wir heute noch aus der Schule als Ableiten und Integrieren kennen. Bei Newton hieß das Fluxionsmethode, bei Leibniz Differentialrechnung. Beide waren aber unabhängig voneinander im Wesentlichen zur gleichen Zeit zu denselben Ergebnissen gekommen, was die Angelegenheit ziemlich kompliziert machte.

Leibniz bekam wesentliche Ideen zu Differential- und Integralrechnung während seines Aufenthalts in Paris 1672 bis 1676. Es war gleichzeitig eine Zeit der Geldnot, da Paris damals schon teuer war und eine neue Anstellung auf sich warten ließ. Nur der Herzog von Hannover bot ihm Geld und einen Job an. Hannover aber hatte zu diesem Zeitpunkt gerade mal 12 000 Einwohner, und Leibniz war Großstädte gewohnt.

Letztendlich blieb ihm trotzdem nichts anderes übrig, als das Angebot anzunehmen, wenn er nicht verhungern wollte.

Als er schließlich in seiner neuen dörflichen Heimat ankam, erreichte ihn ein Brief der britischen Physikers Newton. In dem Schreiben stand nichts Konkretes, lediglich kryptische Hinweise darauf, dass Newton an etwas ganz Ähnlichem wie Leibniz arbeitete. Leibniz antwortete offen und erzählte von all den neuen Ideen, die er hatte, in der Hoffnung, dass sich dann auch Newton freier äußern würde. Doch genau das Gegenteil war der Fall: Newtons Brief enthielt neben ein paar allgemeinen und wenig hilfreichen Anmerkungen zwei Kombinationen von Buchstaben und Zahlen. Die kürzere von beiden lautete: 6accdae13eeff7i3l9n4o4qrr4s8t12vx. Was sich für uns wie ein hochmotiviertes WLAN-Passwort liest, waren Newtons Ideen zum Ableiten und Integrieren – nur verschlüsselt, sodass Leibniz sie nicht lesen konnte. Im Grunde war das der Trick, den auch Geschwister untereinander gern anwenden, nämlich, eine Sache anzulecken und dann zu rufen: «Meins!» Newton meldete an, die Idee als Erster gehabt zu haben, ohne die Idee preiszugeben. Leibniz versuchte es noch mal und schrieb einen Brief, in dem er seine neuen Erkenntnisse darlegte – Newton aber antwortete nicht mehr.

In der *Principia*, Newtons Meisterwerk von 1687, finden sich trotzdem durchaus lobende Worte über Leibniz. «Sehr gelehrt» sei er und zu denselben Ergebnissen gekommen wie Newton, der Meister selbst. Nur schaffte es das Buch nicht so richtig auf das europäische Festland. Weswegen Leibniz, als er seine Ergebnisse in Deutschland veröffentlichte, als Erfinder der neuen Methode gefeiert wurde. Noch heute benutzt die Mathematik überwiegend die Methode und die Symbole, wie Leibniz sie einführte. Der Frust auf Newtons Seite wuchs.

Inzwischen veröffentlichte Johann Bernoulli, der ja ohnehin wegen des Kampfs um die beste Familiendynastie noch in der Arena ist, in einer mathematischen Fachzeitschrift eine Aufgabe. Leibniz erkannte, wie simpel die Aufgabe war, wenn man Differenzieren und Integrieren konnte, bewältigte sie in kürzester Zeit und vermerkte, wen er noch alles für fähig hielt, diese Aufgabe zu lösen. Newton nannte er, aber ein enger Freund von Newton, Nicolas Fatio de Duillier, kam nicht vor. Empört und mit dem Gefühl, übergangen worden zu sein, schaltete sich dieser ein, löste die Aufgabe nach Newtons System und packte seine Lösung voll mit Angriffen auf Leibniz. In einem wunderbaren Beispiel passiver Aggression schrieb er, dass lieber andere urteilen sollten, ob Leibniz bei Newton abgeschrieben habe. Aber jeder, so fuhr er fort, der genauso viel gelesen hätte wie er selbst, könne sich vom «Schweigen des allzu bescheidenen Newton» oder von der «vordringlichen Geschäftigkeit» von Leibniz nicht täuschen lassen. Sagen, was man sagen will, ohne es tatsächlich so zu formulieren: Dieser Satz ist ein Paradebeispiel aus dem 17. Jahrhundert.

Als sich nach einigem Hin und Her dann noch ein schottischer Mathematiker einschaltete und Leibniz der Fälschung bezichtigte, hatte der genug und beschwerte sich bei der Royal Society. Warum er das tat, ist nicht ganz klar. Denn es musste ihm bewusst gewesen sein, wer der Präsident ebenjener Royal Society zu dieser Zeit war. An der Spitze der Organisation stand nicht etwa ein unabhängiger Entscheider, sondern Isaac Newton. Die Kommission, die einberufen wurde, war komplett an Newton gebunden. Er war damit Angeklagter, Zeuge und sein eigener Richter. Die Kommission kam, wenig überraschend, zu dem Schluss, dass Newton der wahre

Entdecker sei und Leibniz lediglich abgeschrieben habe. Mit Newton wollte man sich einfach nicht anlegen.

Newton war aber nicht nur ausdauernd bei Streiten. Er konnte auch vernichtende Urteile in inspirierende Zitate verpacken. Bei Google Scholar, einer Seite, mit der sich wissenschaftliche Artikel suchen lassen, steht unter der Eingabemaske für die Suche das Satzfragment «Auf den Schultern von Riesen». Die Herkunft dieses Fragments ist nicht ganz klar, wurde aber in der Geschichte der Natur- und Geisteswissenschaften immer wieder verwendet, um Hochachtung gegenüber vergangenen Forschergenerationen auszudrücken. Man sei nur fähig gewesen, so weit sehen zu können, so viele Erkenntnisse zu erreichen, weil man auf den Schultern von Riesen, also vorhergegangener Forschung, sitze. Das klingt gerade aus Newtons Feder eigentlich nach ungewöhnlicher Bescheidenheit, als würde Newton seine eigene Bedeutung und Leistung herunterspielen. Worin liegt also der Diss?

Der tritt erst zutage, wenn man sich anschaut, wo er diesen Satz schrieb. Denn der findet sich weder in einem Buch noch in einem Artikel. Newton schrieb ihn in einem Brief an Robert Hooke. Mit dem hatte er sich erst ein paar Jahre vorher gestritten, was Licht nun genau sei. Beide Forscher waren ausgesprochen starker, aber unterschiedlicher Meinung. Newton wusste aber, dass sich Hooke als Grundlage für viele Entwicklungen der Forschung und damit als einer dieser Riesen sah. Leider war Hooke auch dafür bekannt, außergewöhnlich kleinwüchsig zu sein. Es ist gut möglich, dass im Nachhinein diesen paar Wörtern zu viel Bedeutung zugemessen wird, aber auszuschließen ist es nicht, dass «Riesen» in diesem Zitat ein fieser Kinnhaken gegen Hooke ist. Das Zitat wird immer noch verwendet, um den Geist wissenschaftlichen Zitierens auszudrücken. Wahrscheinlich wird Newton also für die Klugheit eines Zitats gefeiert, das sich über die Körpergröße eines Mitforschers lustig macht. 10 von 10 Punkten auf der Fiesheitsskala, Mr. Newton!

Auch heute noch können Forschungsergebnisse eine Menge Spott hervorrufen. Manche holen sich ihre Kritik zu Recht ab, aber immer wieder trifft es auch Forscher mit guten Ideen. Alfred Wegener war nicht der Erste, der entdeckte, dass Afrika und Brasilien wie ein Puzzle zusammenpassten. Er war aber der Erste, der 1911 vorschlug, dass die beiden mal zusammengehört hatten und dann langsam auseinandergedriftet waren, und das zudem durch Untersuchungen der Geowissenschaften untermauern konnte. Heute gilt er als Vater der Plattentektonik, damals musste er sich anhören, er sei ein inkompetenter Quereinsteiger, der nicht wisse, was er tue. «Seine Theorie ist ein wundervoller Traum der Schönheit und Anmut, der Traum eines großen Poeten», sagte der damalige Direktor des französischen Amtes für geologische Landaufnahme und stellte ihn damit als inkompetent dar, indem er ihn in die Literatur abschob.

Ganz ähnlich ging es dem Chemiker Daniel Shechtman, der in seiner Forschung an der Johns-Hopkins-Universität in Baltimore Anfang der 1980er Jahre plötzlich Strukturen sah, die aussahen wie Kristalle, aber nicht den bekannten Regeln für Kristalle entsprachen. Shechtman nannte die neue Art der Struktur «Quasikristalle» und veröffentlichte seine Ergebnisse. Seine Forscherkollegen aber dachten gar nicht daran, ihn ernst zu nehmen. Während sein Vorgesetzter seine Forschung so peinlich fand, dass er ihn aus der Arbeitsgruppe drängen wollte, behauptete Linus Pauling, selbst Nobelpreisträger, es gäbe «gar keine Quasikristalle. Es gibt nur Quasiforscher.» Autsch! Shechtman erhielt für seine Entdeckung der Quasikristalle den Nobelpreis für Chemie 2011.

Aber auch der große Albert Einstein, der ja schon mit seiner größten Formel aller Zeiten ein echtes Pfund in den Ring geworfen hat, betätigte sich gerne auf dem Gebiet des Bashings. Nach einem Dauerstreit mit dem Physiker Max Abraham zeigte er in einem Artikel für die Zeitschrift *Annalen der Physik* seine Begabung, durchaus scharfe Worte zu wählen: Abraham hatte die Relativitätstheorie ein ums andere Mal angezweifelt, weil sie nicht mit Abrahams Forschungsrichtung übereinstimmte und er am Äther festhielt – eine Substanz, die als Ausbreitungsmedium für Licht postuliert und 1887 widerlegt wurde. Einstein widmete ihm 1912 gerade mal fünf Zeilen. Heute würde das nicht mehr veröffentlicht werden, damals aber erschien der Artikel, man kann ihn heute noch lesen: Da «jeder von uns beiden seinen Standpunkt mit der nötigen Ausführlichkeit vertreten hat», schreibt Einstein, hielte er es nicht für nötig, nochmals zu antworten. Eine Bemerkung fügte er aber noch hinzu: «Ich möchte hier einstweilen den Leser nur darum ersuchen, mein Schweigen nicht als Einverständnis zu deuten.» Damit setzte Einstein ein leuchtendes Beispiel, wie man dezent und elegant seine Missbilligung kundtun kann – etwas, das sich viel mehr Menschen, die sich im Internet in Diskussionsforen austoben, zu Herzen nehmen sollten.

Richtige Ausbrüche – Naturwissenschaftler als Zornvulkane, die im Labor brüllend mit Lava um sich schmeißen – sind schwer zu finden. Es kam immer wieder zu Sticheleien, ausgiebige Attacken blieben aber die Ausnahme. Bestes Beispiel: 1962 stellte der damals 22-jährige Brian Josephson, Physikstudent in Cambridge, eine neue, komplizierte und sensationelle Theorie auf. Josephson galt an seiner Universität als ein durchaus besonderer Student: Er war bei den Lehrenden dafür bekannt, nach jeder Vorlesung an die Tafel zu gehen, um Fehler des Vortragenden zu berichtigen und ihm die korrekte Lösung zu erklären. Man kann sich in etwa vorstellen, wie beliebt er war – bei Studenten ebenso wie bei den Professoren ... Josephsons Theorie war ziemlich komplex und wurde selbst von Physikern nur schwer verstanden. Sie baute auf der sogenannten BCS-Theorie auf, deren «B» im Namen für John Bardeen steht. Bardeen hatte zu dieser Zeit schon einen Nobelpreis für die Entwicklung des ersten Transistors erhalten und sollte später für die BCS-Theorie noch einen zweiten erhalten. Man kann ihn also ohne Understatement als Goliath der Festkörperphysik bezeichnen. Nun kam Josephson, der ungeliebte David, um die Ecke und feuerte seine Theorie mit der Steinschleuder direkt in Bardeens Gesicht. Der konnte schlicht nicht glauben, was der junge Physikstudent aus England in seinem Kämmerchen errechnet haben wollte. Josephson veröffentlichte seine Ideen in einem physikalischen Journal, wo der Artikel durchaus Beachtung fand. Nun begannen die Forscher, die zumindest glaubten, Josephson verstanden zu haben, sich in zwei Kategorien zu teilen: Die, die Bardeen und seinem untrüglichen Gespür für das große Ding, die weltbewegende Entdeckung trauten, und die, die sich vom Neuling, dem Underdog, überzeugen ließen. Die Fronten waren geklärt, und es wurde immer klarer, wo der Konflikt ausgetragen werden würde: Bei der achten internationalen Konferenz für Tieftemperaturphysik 1962 in London. Bis zu dem Zeitpunkt hatten Bardeen und Josephson bereits einige Monate Zeit gehabt, den Standpunkt des jeweils anderen zu evaluieren, sich auf das Duell vorzubereiten, die Fäuste – oder vielleicht doch eher die Hirnzellen – zu lockern.

Dann kam der Tag der Entscheidung. Bevor die Konferenz begann, trafen die beiden in einer Halle aufeinander. Nach einer kurzen Vorstellung begann der Herausforderer dem Champion seine Theorie zu erklären. Bardeen hörte ruhig zu, sagte dann: «Ich denke nicht», und verschwand. So verlief die erste Begegnung, kolportiert durch Nobelpreisträger Ivar Giaever, ziemlich im Sand. Die Organisatoren entschieden sich, die Vorträge der beiden Kontrahenten direkt nacheinander zu legen. Beide sollten im selben Raum, direkt hintereinander die Möglichkeit bekommen, ihre jeweils eigene Theorie vorzustellen.

Wo jeder Hollywoodfilm nun kurz vor dem dramatischen Höhepunkt stände – gerade hielt Josephson seine Rede –, passierte in der Realität Folgendes: Josephson sagte, was er zu sagen hatte, Bardeen begann seinen Vortrag, Josephson unterbrach ihn, Bardeen kritisierte Josephsons Theorie, Josephson antwortete auf die Kritik, Bardeen beendete seinen Vortrag und ging von der Bühne. Alles lief ruhig und gesittet ab: Beide Teilnehmer der Diskussion galten als eher zurückhaltend, was den Sprechstil anging. So trennten sich die Physiker wieder, ohne den Hauch eines Eklats. Vielleicht waren sie mit dem Resultat nicht zufrieden, aber das war es dann auch schon. Die Zeit tat schließlich das Übrige: Ein Jahr nach der Konferenz wurde der von Josephson vorhergesagte Effekt experimentell bestätigt, worauf er zehn Jahre darauf selbst den Nobelpreis für Physik erhielt.

Alles in allem aber muss man als Naturwissenschaftler konstatieren: Die besseren Streite gibt es zwischen Schöngeistern. Oder? Es ist überraschend, wie wenig Streit aus den Disziplinen, mit denen ich mich beschäftige, überhaupt überliefert wurde. Es gibt weder eine Clickbait-Liste, die die sieben

gemeinsten Kommentare von Physikern zusammenfasst –
«Bei Nummer sieben musste Galileo Galilei weinen» –, noch
gibt es generell Literatur zu diesem Thema. Richtige Resultate werden überliefert, falsche Ergebnisse geraten recht bald
in Vergessenheit. Diese Art der Streitkultur ist die Stärke der
Naturwissenschaften. Klar, jeder schaut gern bei Schlamm-
schlachten zu, je gemeiner und dreckiger, umso besser. Aber,
ganz pragmatisch gesehen, ist der beste Diss der Wissenschaft
doch der, der wirklich zu etwas führt und mit dem man am
Ende das bestmögliche Ergebnis für alle Beteiligten erreicht.
Nur so ist bessere Forschung möglich. Während sich die Geisteswissenschaften von Mike Tyson ein Ohr abkauen lassen,
halten es die Naturwissenschaften mit Gentleman-Boxern wie
Henry Maske: technisch sauber, kurz und fair, und sobald das
Experiment zeigt, wer recht hatte, geht es für die, die unrecht
hatten, in die Duschen.

5. Runde

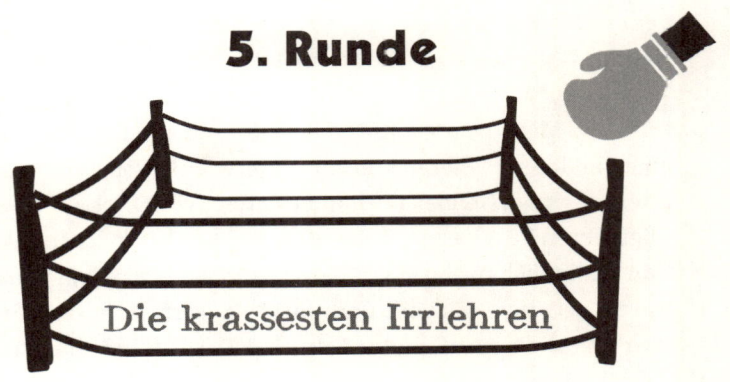

Die krassesten Irrlehren

— Irren ist (un)menschlich —

Die Wissenschaftsgeschichte ist voll von Dingen, die nicht funktioniert haben. Geisteswissenschaftler beschäftigen sich gern mit Ideen aus der Vergangenheit. Da mögen die Naturwissenschaften rufen: «Bei euch geht's doch eh immer nur um Ideen und Worte, was soll da schon groß passieren?» – aber so einfach ist es nicht. Ideen sind mitunter sehr gefährliche Gebilde – vor allem, wenn sie von anderen Gedanken und Ideen herausgefordert werden.

Meist waren es die unbequemen Geister, die besonders leiden mussten. Galileo Galilei (1564–1642) hatte das Pech, mit seiner Lehre vom heliozentrischen Weltbild seiner Zeit weit voraus zu sein. Galileo war ein italienischer Universalgelehrter, in Mathematik genauso versiert wie in Philosophie. Da merken wir als Trainer mal wieder: Die Einteilung in die beiden Teams ist alles andere als eindeutig, auch hier gab es vorher Stunk – wer hat jetzt Anspruch auf Galileo? Aber lassen wir fünfe gerade sein – die Geisteswissenschaften haben ihn dem anderen Team abgeschwatzt (das können sie ja angeblich so gut), deswegen steht der Herr jetzt auf unserer Seite.

Aber zurück zum Unglück des Herrn Galilei: Dass die Erde mit dem Menschen als Krone der göttlichen Schöpfung um einen anderen Planeten kreisen sollte, wie Galileo es behauptete, war unvorstellbar im Italien seiner Zeit. Die Kirche verfolgte ihren Kurs so gnadenlos, dass er dem Druck der Inquisition schließlich nachgab und seine Lehren widerrief. Er wurde wegen Ketzerei verurteilt und unter Hausarrest gestellt. Erst 1992 (!) gab Papst Johannes Paul II. öffentlich bekannt, dass Galilei mit seiner Annahme der kopernikanischen Lehre recht hatte.

Dass die Kirche an der Irrlehre der Geozentrik festhielt, kostete Galilei zwar nicht das Leben, aber andere hatten weniger Glück: zum Beispiel Giordano Bruno (1548–1600). Der Dominikanermönch wurde wegen achtfacher Häresie verurteilt, darunter die Leugnung der Dreifaltigkeit Gottes, die Ablehnung des Heiligen- und Reliquienkultes, die Anzweiflung der Jungfräulichkeit Marias, ganz zu schweigen von der Ablehnung des Hochamtes (Wein, der sich in Blut verwandelt, und Brot, das zu Fleisch wird). Bruno floh aus Italien und trat eine 15-jährige Odyssee durch ganz Europa an, wo er mit seinem Querdenkertum permanent aneckte. Die ungeheuerlichste seiner Behauptungen waren für die Kirche sicherlich diese: Das Weltall ist endlos, niemand kann im Besitz vollständiger Wahrheit sein, und alles auf der Welt – inklusive Gott – ist aus kleinen Teilchen zusammengesetzt. Gott als Materie? Mit uns Menschen auf einer Ebene? Niemals! Bruno kehrte schließlich – warum auch immer – zurück nach Italien und geriet dort direkt in die Fänge der Inquisition. Sieben Jahre

Folter konnten jedoch nichts an seiner Einstellung ändern. Für das Festhalten an seinen Überzeugungen bezahlte er mit dem Leben. Papst Clemens VIII. ließ ihn grausam hinrichten: Man schlug ihm einen Nagel durch die Zunge (oder band seine Zunge fest, je nachdem, wem man Glauben schenkt), zog ihn aus und hängte ihn kopfüber über den Scheiterhaufen, wo man ihn bei lebendigem Leibe verbrannte. Losgeworden ist die Kirche ihn trotzdem nicht. Eine Statue von Bruno steht auf einem der schönsten Plätze Roms – dem Campo de' Fiori –, und sein Blick ist grimmig in Richtung Petersdom gewandt: ein anklagendes Mahnmal, man könnte vielleicht sagen, ein hochgereckter Mittelfinger an die Kirche. Die hat sich bis heute nicht vom Fleck gerührt: Anders als Galilei wurde Bruno nicht rehabilitiert. Im Jahr 2000 bestätigte die Kurie seine Exkommunikation. Der Frei- und Querdenker Bruno hing in den Augen der Kirche wie Galilei einer Irrlehre an – dabei war es aus heutiger Sicht genau andersherum.

Wenn wir darüber reden, was dogmatische Lehren für Unheil anrichten konnten, darf die Hexenverfolgung nicht fehlen. Und, um das ein für alle Mal klarzustellen: Die Hexenverbrennung gehört nicht ins Mittelalter, egal, was Hollywood sagt. Sondern in die darauf folgende Frühe Neuzeit. Da war Kolumbus schon losgeschippert und hatte sich verfahren, Luther hatte schon seine Thesen an die Schlosskirche von Wittenberg genagelt – genaue Epochengrenzen sind allerdings immer künstlich gesetzt und umstritten. Es gibt verschiedene Theorien dazu, warum der Hexenwahn in der Frühen Neuzeit ausbrach. Eine davon kommt aus einer vielleicht etwas unerwarteten Ecke: der Klimaforschung. Auch hier begeben wir uns auf, pardon, dünnes Eis, denn Forscher streiten sich heute noch darüber, ob es die sogenannte Kleine Eiszeit

1690 im Anschluss an die spätmittelalterliche Wärmeperiode wirklich gab. Aber gehen wir einmal davon aus, dass die Temperatur sank. Kältere Sommer und eisige Winter bedeuteten nichts Gutes für die Landbevölkerung, die zum Überleben auf die Erträge ihrer Felder und ihr Vieh angewiesen war. Ernten gingen ein, Hagelstürme zerstörten das wenige, was die Kälte überlebt hatte. Für Unerklärliches haben die Menschen schon immer nach einer Erklärung gesucht. Im 14. Jahrhundert wurde Europa bereits von einer Reihe von Krisen erschüttert: Die Pest hatte von 1347 bis 1353 ein Drittel der europäischen Bevölkerung dahingerafft. Das Große Abendländische Schisma von 1378 bis 1417 (eine Kirchenspaltung, bei der mehrere Päpste Anspruch auf das Papsttum erhoben) raubte den Menschen auch noch die letzte Sicherheit in einer Welt, die auseinanderzubrechen schien. Um diese Katastrophen zu erklären, mussten Sündenböcke her: Für die Pest waren es die Juden, die angeblich die Brunnen vergiftet hätten. Die Folge waren die Judenpogrome des 14. Jahrhunderts. Auch im krisengeschüttelten 17. Jahrhundert musste also die Verantwortung bei jemand anderem gesucht werden. Der Dreißigjährige Krieg von 1618 bis 1648 hatte die Menschen zermürbt und die beteiligten Länder an den Rand ihrer Existenz gebracht, Frankreich und Deutschland hatten mit inneren Krisen zu kämpfen, in England wurde mit Karl I. am Ende des Bürgerkrieges zum ersten Mal ein gesalbter König öffentlich hingerichtet.

Vor dem Hintergrund dieser Umbrüche und Unsicherheiten sind die Hexenverfolgungswellen in Deutschland, Frankreich, den Niederlanden und der Schweiz zu sehen. Das Zentrum der Hexenverfolgungen lag dabei im Heiligen Römischen Reich Deutscher Nation. Man machte Hexen vor allem für die Wetteranomalien verantwortlich. Oder für steigende Lebensmittelpreise.

Das Wetter war natürlich nicht der einzige Grund für die Hexenverfolgung, auch ein Mentalitätswandel und eine zunehmend düstere Weltsicht spielten eine Rolle. Ebenso gab es private Gründe: Durch den Vorwurf der Hexerei konnte man sich bequem der Nachbarin entledigen, die man noch nie hatte leiden können.

Die Hexenverfolgung ist eines der Paradebeispiele für die Suche nach Sündenböcken. Schätzungsweise 40 000 bis 60 000 Menschen fielen dem Hexenwahn zum Opfer, etwa 80 Prozent davon waren Frauen. Das wurde auch durch die frauenfeindliche Rhetorik der Kirche hervorgerufen, die Frauen als schwächer und daher generell anfälliger für die Machenschaften des Teufels ansah. Die Hexenverfolgung der Frühen Neuzeit war übrigens keine Sache der Kirche, die hielt sich eher zurück und widmete sich der Verfolgung von Ketzern. Weltliche Herren und Teile der Bevölkerung verfolgten angebliche Hexen in Eigenregie und ließen sie foltern, bis sie alles Mögliche gestanden. Unzucht mit dem Teufel, Schadzauber oder sogar Mord – unter Schmerzen sagten die Verdächtigen, was ihre Peiniger hören wollten. In selteneren Fällen führte man eine sogenannte Hexenprobe durch, bei der auf verschiedene Art «getestet» werden sollte, ob es sich bei der Angeklagten um eine Hexe handelte. Gottesurteile dieser Art waren allerdings eigentlich seit dem Laterankonzil 1215 untersagt. Wurde die Angeklagte für schuldig befunden, ließ man sie auf dem Scheiterhaufen brennen. Es war ein – pardon – Teufelskreis: Unter Folter beschuldigten die Gequälten andere der Hexerei, die wiederum unter Folter gestehen und andere Hexen identifizieren sollten.

Irrlehren sind bei den Geisteswissenschaften auch in der Medizin sehr verbreitet. Ja genau, in dem Feld, das uns heute als das naturwissenschaftlichste Fach überhaupt vorkommt. Aber Medizingeschichte ist eine Geisteswissenschaft, und schon in der Antike waren Mediziner nicht nur Ärzte, sondern interessierten sich für alles Mögliche, betrieben Mathematik, Philosophie, Geschichte und Literatur. Und auch im Mittelalter waren die Bereiche nicht klar zu trennen: Medizin wurde zum Beispiel auch in Klöstern gelehrt – der Erbsenzähler der Genetik, Gregor Mendel, wurde ja schon erwähnt. Warum ist das heute nicht mehr so, wenn das Universalgelehrtentum früher doch so angesagt war? Eine mögliche Erklärung ist, dass durch neuere Forschung unser Wissen so viel breiter und detaillierter geworden ist, dass es vermessen oder gar unmöglich scheint, als Einzelperson Experte für diverse Fachrichtungen zu sein. Trotzdem – das spräche ja erst recht für Interdisziplinarität.

Gar nicht so einfach, die Teams richtig einzuteilen – was machen wir mit den Kandidaten, die überall hinpassen? Wir haben sie jetzt einfach, ihrem Grollen zum Trotz, einer der beiden Seiten zugeordnet. Ist das Ganze dann ein Schaukampf? Kann gut sein. Aber unterhaltsam – und am Ende sind die Zuschauer hoffentlich um eine Erkenntnis reicher. Die Geschichte der Medizin ist jedenfalls, wie sollte es auch anders sein, voll von fatalen Schnitzern. Die teilweise kreativ anmutenden Präventions- und Heilungsmaßnahmen hatten nämlich oft keinen Effekt: Pestdoktoren – das sind die mit den schwarzen Vogelmasken – trugen Blumen und Kräuter darin herum. Diese sollten sie vor der ansteckenden Krankheit schützen. Leider blieb der Schutz aus, denn die Blumen und Kräuter machten nur den Leichengeruch erträglicher. Aderlass war ebenfalls eine blutige, nur leider unsinnige Geschichte. Während hier aber die Mediziner selbst teilweise an der fehlenden Wirkung ihrer Behandlungsmethoden zugrunde gingen, gab es medizinische Lehren, die ganzen Bevölkerungsgruppen das Recht auf Leben absprachen und so ungeheuren Schaden anrichteten.

Keine Geschichten, die man als Disziplin gern anführt oder mit denen man mit Freuden punktet, im Gegenteil. Aber sich mit den Fehlern und schrecklichen Irrtümern seines eigenen Forschungsfeldes auseinanderzusetzen ist die Voraussetzung dafür, dass diese sich hoffentlich nicht wiederholen und dass ihre Ursprünge aufgearbeitet werden können.

Das Wort «Eugenik» verbinden wir heute direkt mit Nazi-Deutschland. Ihre Anfänge hatte diese Lehre jedoch schon viel früher, nämlich am Ende des 19. Jahrhunderts. Der Begriff wurde 1883 von dem Briten Francis Galton geprägt und hat seine Wurzeln im Altgriechischen, er bedeutet etwa «gut geboren» oder «gutes Geschlecht». Die Eugenik sollte die menschliche Rasse stärken, indem kranke oder schwache Menschen von der Fortpflanzung ausgeschlossen wurden. Im Zusammenhang mit Eugenik fällt der Name Ernst Haeckel (1834–1919) häufig. Der Zoologe war nicht ausschließlich den Naturwissenschaften verschrieben, zu seinen Vorbildern zählten auch Goethe und Alexander von Humboldt. Vieles an ihm erscheint uns heute widersprüchlich: Zwar verstand er sich als Pazifist und Fan der Friedensaktivistin Bertha von Suttner, aber seine Überlegungen zur «Rassenhygiene» und «Züchtung» der Menschen wurden später von den Nationalsozialisten in großen Teilen übernommen. Eugenik war kein rein deutsches Phänomen, im Gegenteil: Um die Jahrhundertwende galt sie als weltweit anerkannte Wissenschaft, der sich viele

Prominente anschlossen, unter ihnen auch Winston Churchill, Virginia Woolf und Theodore Roosevelt. Auch in den Naturwissenschaften fanden sich Anhänger, unter anderem Alexander Graham Bell, der Erfinder des Telefons (ob er es wirklich allein erfunden hat, werden wir noch sehen ...). Eugenik war *der* Trend schlechthin, dem viele Geistesgrößen begeistert folgten. Warum?

Es gibt viele Erklärungsansätze, einige davon liegen in der Mentalitätsgeschichte. Die Jahre von 1900 bis zum Beginn des Ersten Weltkriegs waren geprägt von Gegensätzen: Zukunftsangst und Technikbegeisterung, aufkommender Nationalismus und stärkere globale Vernetzung, verletzte Männlichkeit und Militarismus, Finanzboom und der Sturz ins Bodenlose, Geschwindigkeitsliebe und Nostalgie. Zwischen diesen Polen mäanderte die Gesellschaft umher und steuerte auf die Katastrophe des Ersten Weltkriegs zu.

Doch ganz gleich, wie die Gründe genau aussahen, die Eugenik traf einen Nerv. Sobald die Methodik jedoch in die Praxis umgesetzt wurde, hatten diejenigen darunter zu leiden, die nicht in das ideale Zuchtbild passten: körperlich und geistig behinderte Menschen sowie psychisch Kranke. Da das Hauptziel der Eugenik das Fortbestehen der Gattung Mensch oder, in rassetheoretischer Auslegung, der eigenen Rasse war, wurden die Rechte des Einzelnen für nichtig erklärt, wenn er nicht zur «Volksgesundheit» beitragen konnte. In der Eugenik wurde derselbe Wortschatz verwendet wie beim Hausputz oder bei der Hundezucht: Es war von «Säuberung» die Rede, von «Rassenhygiene» und «Züchtung». Was daraus wurde, haben wir am «Dritten Reich» (bitte niemals ohne Anführungsstriche, sonst bekommt jeder Historiker beim Lesen einen Herzkasper) gesehen, das die Ideen der Eugenik rassetheoretisch in die Tat umsetzte: eine Irrlehre mit fürchterlichen Auswirkungen, lange gestützt von europäischen Geistesgrößen.

Während Irrlehren in den Naturwissenschaften sofort tödliche Folgen haben können, indem ein Experiment misslingt oder eine falsche Theorie aufgestellt wird, zeigen die Geisteswissenschaften, welche Macht Ideen und Sprache haben können. Von ihnen geht eine Gefährlichkeit aus, die nichts mit einem explodierenden Reagenzglas zu tun hat und trotzdem eine Menge Menschen ins Unglück stürzen kann.

★ Von Säften und Faschisten ★

Irrlehren in der Naturwissenschaft? Gehören zum wissenschaftlichen Alltag. Die Naturwissenschaft ist deshalb so erfolgreich, weil sie permanent Theorien aufstellt, prüft und Unwahrheiten, sobald sie auffallen, über Bord wirft. Natürlich passieren dabei eine Menge Fehlgriffe. Das kann daran liegen, dass das Equipment fehlt, man den Fehler ganz einfach nicht auf dem Schirm hat oder richtige Daten falsch interpretiert. Kurz gesagt: Im Boxkampf muss man auch mal Querschläger und Niederlagen einstecken können, um voranzukommen. Im folgenden Fall haben wir es allerdings mit einem Tiefschlag aus der Ecke der Geisteswissenschaften zu tun, einem Übersetzungsfehler.

Eine Menge an Schulbüchern zeigt immer noch eine Karte der Zunge, auf der verschiedenen Gebieten die verschiedenen Geschmacksrichtungen süß, salzig, sauer und bitter zugewiesen werden. Ein Irrglaube! Man kann süßen Geschmack mit der ganzen Zunge wahrnehmen. Und David Paul Hänig, der sich in seinen Forschungen intensiv mit der Zunge befasste, hat auch nie etwas anderes behauptet. Er veröffentlichte 1901 seine Erkenntnis, dass verschiedene Geschmäcker an verschiedenen Stellen der Zunge geringfügig intensiver aufgenommen würden. Das Wort «geringfügig» wurde vom Übersetzer, dem angesehenen amerikanischen Psychologen Edwin G. Boring, bei der Übertragung ins Englische nur leider gelangweilt weggelassen. Er zeichnete auch die Karte, die viele noch aus dem Schulunterricht kennen. Punktabzug für die Geisteswissenschaften!

Bleiben wir gleich beim menschlichen Körper. Was für ein Unsinn, dass sich die Geisteswissenschaften hier die Medizingeschichte unter den Nagel reißen wollen! Aber gut, Überläufer ins andere Lager lassen sich wohl nicht vermeiden. Die erste Sammlung von medizinischen Texten ist aber definitiv der Naturwissenschaft zuzurechnen und findet sich im sogenannten Corpus Hippocratum, einer Zusammenstellung wissenschaftlicher Texte über den Körper. Neben Heilkunde, Ethik und Standeslehre wurde darin auch die Theorie der Humoralpathologie angedeutet – basierend auf der Viersäftelehre. In der Folge glaubte die Menschheit über 2000 Jahre lang, dass jeder Mensch aus vier Säften bestehe: gelbe Galle, schwarze Galle, Blut und Schleim. Jeder dieser Flüssigkeiten wurde ein Organ zugeordnet, das sie herstellte, und eine Jahreszeit, in der der jeweilige Saft überwog. Ein Mensch war genau dann gesund, wenn sich die Säfte in einem ausgeglichenen Zustand befanden. Krankheiten entstanden durch Ungleichgewicht. Doch damit nicht genug: Galenos von Pergamon, der etwa 130 bis 200 n. Chr. lebte, wies den vier Säften nicht nur Organe, sondern auch die damals so genannten Elemente Luft, Feuer, Erde, Wasser zu sowie Farben, Geschmack und Lebensalter.

Und am Ende sogar: menschliche Emotionen. Ein Zuviel an schwarzer Galle führe zur Melancholie, ein Übermaß an gelber Galle wäre typisch für Choleriker. Man darf dabei nicht vergessen: Diese Theorie war ein Riesenfortschritt der Wissenschaftsgeschichte. Es war nicht mehr Gott, der die Menschen mit Krankheiten plagte, sondern ein Fehlvorgang im Körper, den es zu korrigieren galt. Nur die Schlussfolgerungen waren noch nicht die richtigen. Vorgeschlagene Heilmittel basierten zum Beispiel auf dem Glauben, dass die vier Säfte auch mit einem Geschmack und den Zustandsbeschreibungen heiß, kalt, trocken und feucht in Verbindung gesetzt würden. Wer im Mittelalter aß, versuchte, den kalten und nassen Fisch trocknend und erhitzend zuzubereiten, um das Gleichgewicht zu wahren. Cholerikern, die heute ihre Cholerik in speziell auf sie zugeschnittenen Fernsehshows auslassen dürfen, wurde damals geraten, Gewürze zu meiden, die als heiß und trocken galten.

Aber bei der Suche nach unsinnigen medizinischen Behandlungen braucht man gar nicht so viele Jahre in die Vergangenheit zu gehen. Ein kurzer Blick auf die äußerst unappetitliche Praxis namens Lobotomie reicht schon vollkommen aus. Hierbei wird der Schädel mit einem Hämmerchen durchstoßen, um anschließend mit einem langen spitzen Gegenstand wahllos Gehirnmasse zu durchtrennen. Hört sich ziemlich mittelalterlich an, wurde aber bis in die 1980er Jahre durchgeführt. Man dachte, auf diese Weise Verhaltensmuster von Menschen kurieren zu können, die nach damaliger Ansicht von der Norm abwichen. Die Annahme lautete, dass falsch verwachsenes Gehirn Probleme auslösen würde – ähnlich wie falsch zusammengewachsene Knochen. Deshalb wollte man diese Strukturen zerstören und auflösen, damit sie wieder richtig zusammenwachsen und heilen könnten. Wie man auf eine solche Idee kommt?

Nun, Lobotomie wurde aus einem Unfall heraus geboren. Phineas Gage, ein Vorarbeiter einer amerikanischen Eisenbahngesellschaft, brachte am 13. September 1848 wie üblich Sprengstoffladungen mit einer langen Eisenstange tief in ein Bohrloch. Doch dabei explodierte eine der Ladungen, und eine etwa drei Zentimeter dicke Eisenstange drang durch Gages Kopf, von knapp unter dem Wangenknochen nach oben durch seinen Schädel. Dabei wurde sein linkes Auge zerstört. Zur Überraschung aller überlebte er den Unfall – und blieb die gesamte Zeit über bei Bewusstsein. Er war sich sogar des gesamten Unfallhergangs bewusst und konnte davon erzählen. Auch seine intellektuellen Fähigkeiten blieben intakt, er konnte weiterhin ohne jede Einschränkung lesen, sprechen und laufen. Nur sein Charakter veränderte sich. Der vorher freundliche, umgängliche Gage wurde plötzlich kindisch, impulsiv und unzuverlässig.

Durch den Unfall wurde klar, dass man Teile der Gehirnmasse zerstören konnte, ohne den Menschen dabei zu töten. Plötzlich schien es also möglich, quasi chirurgisch den Charakter eines Menschen zu verändern. Walter Freeman, einer der Wissenschaftler, die der Lobotomie zur Popularität verhalfen, beschrieb es selbst so: «Die Psychochirurgie erlangt ihre Erfolge dadurch, dass sie die Phantasie zerschmettert, Gefühle abstumpft, abstraktes Denken vernichtet und ein roboterähnliches, kontrollierbares Individuum schafft.» In der von Freeman entwickelten Behandlung benötigte man nicht mal einen Neurochirurgen. Jeder halbwegs mechanisch begabte Handwerker mit grundlegenden Kenntnissen der Desinfektion konnte sie problemlos durchführen. Freeman fuhr mit einem

Auto durch Amerika, das er «Lobomobil» nannte, und behandelte teilweise auch im Fernsehen mehrere Dutzend Patienten pro Tag. Er machte aus psychisch erkrankten Menschen gefühls- und wehrlose Roboter, behandelte aber auch angebliche «Krankheiten» wie Hyperaktivität, Homosexualität oder eine kommunistische Weltsicht. In der Folge wurden weltweit tausende Menschen gegen ihren Willen behandelt.

So richtig übel aber kann es werden, wenn die Naturwissenschaften durch den Ring getrieben werden, um Hetze und politische Zwecke mit ihr zu verfolgen. Wenn Politiker austeilen, geht es manchmal nicht mehr um die besten Argumente, sondern eher um die lauteren. Plötzlich können das beste Experiment, die schönste Theorie und die nüchternste Analyse nichts mehr ausrichten – dann kann die Wahrheit einpacken. Um das zu erkennen, muss man sich lediglich die Kampagne der Physiker Philipp Lenard und Johannes Stark anschauen, Letzterer der vermutlich einzige Nobelpreisträger, der sich in einem Spruchkammerverfahren zur Entnazifizierung rechtfertigen musste. Nach der sogenannten Machtergreifung der Nationalsozialisten konnten sie das weiterführen, was Adolf Hitler, getrieben von seinem antisemitischen Hass, schon 1921 in der NSDAP-Parteizeitschrift *Völkischer Beobachter* geschrieben hatte: «Wissenschaft, einst unseres Volkes größter Stolz, wird heute gelehrt durch Hebräer, denen im günstigsten Fall diese Wissenschaft nur Mittel ist zu ihrem eigenen Zweck, zum häufigsten aber Mittel zur bewussten planmäßigen Vergiftung unserer Volksseele und dadurch zur Herbeiführung des inneren Zusammenbruchs unseres Volkes.» Lenard und Stark, beide früh der NSDAP beigetreten, wollten das natürlich verhindern. So begann ihr Kampf für das, was sie «Deutsche Physik» nannten. Lenard schrieb ein Lehrbuch – ganze vier Bände –, in dem er seine Vorstellung von Physik darlegte. Das Vorwort ist heutzutage nur noch mit Grausen zu lesen. Er fabuliert wild ins Blaue hinein, dass verschiedene Völker verschiedene Arten von Wissenschaft betrieben: «Man könnte an Hand der vorliegenden Literatur vielleicht bereits von einer Physik der Japaner reden; in der Vergangenheit gab es eine Physik der Araber. Von einer Physik der Neger ist noch nichts bekannt; dagegen hat sich sehr breit eine eigentümliche Physik der Juden entwickelt, die nur bisher wenig erkannt ist.» Lenard, der schon 1924 öffentlich für Hitler eintrat, sah das genauso. Er schrieb: «‹Die Wissenschaft ist und bleibt international!› wird man mir einwenden wollen. Dem liegt aber immer ein Irrtum zugrunde. In Wirklichkeit ist die Wissenschaft, wie alles was Menschen hervorbringen, rassisch, blutmäßig bedingt.» Die besten Ergebnisse, so war sich Lenard sicher, konnte man nur als Arier hervorbringen. Lenards Buch *Große Naturforscher* nimmt die These, dass Physik rassisch bedingt sei, so sehr beim Wort, dass Lenard den Wissenschaftler Heinrich Hertz, der jüdische wie nicht jüdische Vorfahren hatte, quasi zweiteilte. Der «arische Geist», sagt er, habe Hertz bei der Entdeckung der elektromagnetischen Wellen geführt. Bei seinen theoretischen Werken aber, so Lenard, hätte der «jüdische Geist» seine Feder geleitet. Ein weiterer Vertreter der deutschen Physik, Wilhelm Müller, sagte 1941 in einer Rede, die Physik sei «vor allem den Germanen artgemäß». Müller selbst war zu dieser Zeit Professor für theoretische Physik in München, ein Amt, das ihm dank seiner politischen Überzeugungen zugeschustert worden war. Eigentlich war er experimenteller Aerodynamiker und somit in der theoretischen Physik so «artgemäß» wie eine Avocado im Weinregal.

Wenn die sogenannte Deutsche Physik etwas als «jüdische Physik» bezeichnete, dann meist, weil eine Theorie zu mathematisch, zu wenig greifbar war. Das war gar keine untypische Kritik zu dieser Zeit, solchen Angriffen sah sich, wie bereits erwähnt, auch Einsteins Relativitätstheorie ausgesetzt, weil sie eine neue Ära der mathematischen Physik einläutete. Und auch die damals entstehende Quantenphysik machte sich verdächtig, indem man ein tiefes mathematisches Verständnis benötigte, um ihr abstraktes Wesen zu verstehen. Die «Deutsche Physik» war vor allem der Wunsch, diese Mathematisierung wieder zurückzudrehen und zu Dingen zurückzukommen, die man anfassen kann. Sinnvolle Physik ohne die Erkenntnisse Einsteins oder der Quantenmechanik war natürlich nicht möglich. Johannes Stark aber griff beide Theorien 1936 trotzdem frontal an: «Trotz der Häufung derartiger theoretischer Literatur zu Bergen, hat sie aber keine bedeutende neue Erkenntnis von Wirklichkeiten in der Physik gebracht.» Er lag sensationell falsch. Die «Deutsche Physik» kam zu keinerlei interessanten oder neuen Erkenntnissen. An klugen Köpfen hätte es in Deutschland zu der Zeit eigentlich nicht gemangelt. Nur wurden die späteren Nobelpreisträger Otto Stern, Felix Bloch, Max Born, Eugene Wigner, Hans Bethe und Dennis Gabor alle irgendwann vom Nationalsozialismus entlassen, vertrieben und verfolgt.

Zum Glück gibt es aber auch naturwissenschaftliche Erkenntnisse, die uns nicht zur Ader lassen oder irgendwelchen irrsinnigen Rassetheorien anhängen. Sie sind ganz einfach nett, harmlos und unterhaltsam. Die Zeitschrift *Annalen der Physik*, eine der ältesten wissenschaftlichen Zeitschriften der Welt, erweist sich als eine bunte Mischung von allerlei Kuriositäten. Die erste Ausgabe kam bereits 1799 heraus, als Elektrizität gerade das neue große Ding war. Erst 1770 hatte der italienische Mediziner Luigi Galvani beobachtet, dass man mit Strom Zuckungen in den Schenkeln eines toten Frosches auslösen kann. Die Forschungsgemeinschaft war elektrisiert und versuchte herauszufinden, was dieser Strom noch so alles erreichen könnte. Dafür setzten die gewissenhaften Naturforscher so ziemlich alles unter Strom, was ihnen in die Finger kam. Pflanzen zum Beispiel, wie Martinus van Marum, ein niederländischer Wissenschaftler, in der allerersten Ausgabe berichtet. Sein Artikel trägt die Überschrift «Experimente über verschiedene Gegenstände» – also so ziemlich der allgemeinste Titel, den man einem wissenschaftlichen Artikel geben kann. Gleich in der Einleitung bremst er jede eventuell aufgekommene Euphorie: Seine Resultate wären «nicht so entscheidend» ausgefallen, wie er es sich gewünscht habe. Außerdem zeigten sie «keine sehr belehrenden oder merkwürdigen Phänomene». Van Marum hatte nämlich beschlossen, «eine der empfindlichsten Pflanzen, die man nur kennt» unter Strom zu setzen – eine Mimose. Die klappte aber lediglich ihre Blätter ein, was sie auch häufig ohne Elektrizität tut, und wirkte vor wie nach dem Stromschlag ganz normal.

Mit Menschen hatte er mehr Glück. In seinem Artikel «Fortgesetzte Versuche über den Einfluss der Electricität auf den Puls und die unmerkliche Ausdünstung» machte er einen neuen Anlauf. Man hatte beobachtet, dass Menschen, die unter Strom gesetzt werden, einen erhöhten Puls haben. Wer aber einen erhöhten Puls hat, dessen Blut fließt auch viel schneller durch die Adern. Was lag also näher als die Hypothese, dass das Blut in den Adern durch Elektrizität angetrieben wird? Floss mehr Strom durch den Körper, beschleunigte sich das Blut, und das Herz musste schneller schlagen, um mit der Flüssigkeitsmenge klarzukommen. Natürlich wissen wir heute, dass das Herz das Blut durch den Körper pumpt. Van Marums These erklärt sich aber als logischer Schluss aus den Daten, die ihm damals vorlagen. Erst im Laufe der Zeit wurde klar, was es mit dem erhöhten Herzschlag auf sich hat: Die Probanden wurden an eine Maschine angeschlossen, die sie noch nicht kannten, und anschließend mit Stromstößen traktiert. So gesehen ist es verwunderlich, dass sich bei manchen Probanden der Puls überhaupt nicht regte.

In derselben Zeitschrift wird übrigens auch behauptet, dass die Erde innen kalt sein müsse, da Gewässer mit zunehmender Tiefe auch immer kälter würden. Nachdem man viel magnetisches Gestein in verschiedenen Gebirgen entdeckt hatte, schloss man auf magnetische Wolken, da diese oft an Bergen klebten – was außer dem Magnetismus konnte sie dort halten? Alle diese Beispiele, 1799 veröffentlicht, zeigen hervorragend, wie falsch man bei der Beobachtung von Naturvorgängen liegen kann. Die Daten wurden alle korrekt aufgenommen, aber die Interpretation war noch nicht korrekt.

Viele Irrlehren sind heute gänzlich ausgestorben, andere werden noch vereinzelt betrieben oder erleben in einer Zeit, die sich wieder nach Einfachheit und Ursprünglichkeit sehnt, eine Renaissance. Vielleicht sieht es manchmal so aus, als wären alle Naturwissenschaftler Wendehälse, die ihre Meinung täglich ändern. Das ist aber keine Schwäche, sondern eine Stärke. Die Naturwissenschaft ist sehr schnell darin, über Bord zu werfen, was sie als Fehler erkannt hat. Man ist nie davor gefeit, falsche Dinge zu erkennen, etwas misszuverstehen oder versehentlich an etwas zu glauben. Wer Wahrheit will, muss sich eingestehen können, Fehler zu begehen. Dass die Naturwissenschaften so viele Irrlehren in ihrer Geschichte hervorgebracht haben, ist kein Zeichen der Schwäche, sondern der hart geschlagene Haken ans Kinn der Geisteswissenschaften. Dass es so viele Irrtümer gab und immer noch gibt, heißt ja auch nur, dass wir inzwischen viel über die Welt gelernt haben. Was also soll da noch aus der Ecke der Geisteswissenschaften kommen?

6. Runde

Weltbewegende Umbrüche

★ Kranke Tulpen, gesunde Alchemie ★

Einige der größten Durchbrüche der Menschheit, hervorgebracht durch die Naturwissenschaften, sind schon in anderen Kapiteln erwähnt worden – die Quantenphysik, die Relativitätstheorie, die Gesetze der Gravitation. Forscher und Techniker haben eine so unüberschaubare Menge an lebensverändernden Dingen für jedes Detail des menschlichen Lebens entwickelt, dass eine Auswahl schier unmöglich scheint. Aber es hilft ja nichts. Mit einem solchen Pfund lässt sich nun mal hervorragend wuchern!

Wirklich geniale Entdeckungen kombinieren fundamentale Erkenntnisse mit Einfachheit. In dieser Hinsicht ist das Maß der Dinge sicherlich etwas, das an unzähligen Wänden von Chemieklassenräumen hängt. Das Periodensystem der Elemente tut in seiner Unschuld so, als wäre es eine bloße Tabelle, während es übersichtlich Jahrhunderte chemischer Forschung zusammenfasst. Der russische Chemiker Dmitri

Mendelejew erdachte das Schema 1869, genauso wie kurze Zeit später der deutsche Arzt und Chemiker Lothar von Meyer.

Das Periodensystem enthält Elemente, also Atome, aus denen sich alle weiteren Stoffe zusammensetzen. Das erste Element, dessen Entdecker namentlich bekannt ist, kam 200 Jahre vor dem Periodensystem der Elemente auf. Phosphor, vom deutschen Apotheker und Alchemisten Henning Brand gewonnen aus menschlichem Urin, war eines der Nebenprodukte der Alchemie. Nach und nach wurden immer mehr Elemente entdeckt. Einige davon hatten sehr ähnliche Eigenschaften, was dem deutschen Chemiker Johann Döbereiner auffiel. Er hatte selbst nur eine sehr mäßige Schulbildung, war Sohn eines Kutschers, wurde aber trotzdem nach seiner Apothekerlehre von Herzog Carl August von Sachsen-Weimar als Professor an die Universität Jena berufen. Da er keinen Doktortitel vorweisen konnte, wurde ihm kurzerhand einer verliehen. Seine Veröffentlichungen, hieß es, trugen «bereits unverkennbar den Stempel der Genialität und Vollendung in sich». Döbereiner war aufgefallen, dass verschiedene Elemente sich in ihren Eigenschaften ausgesprochen stark ähnelten – er fand einige Dreiergruppen mit auffälligem Muster. Das Gewicht des mittelschweren Elements der Gruppe war stets etwa der Durchschnitt des schwersten und leichtesten Elements. Außerdem zeigten sie ähnliche Eigenschaften: Lithium, Natrium und Kalium reagieren zum Beispiel heftig mit Wasser. Umso schwerer das Gruppenmitglied dabei ist, desto heftiger ist die Reaktion.

Es lag also nah, dass ein System existierte. Die Entdeckung einiger neuer Elemente, die nicht in Dreiergruppen passten, widersprach aber Döbereiners Theorie. Also suchten die Wissenschaftler weiter nach dem Prinzip der korrekten Anordnung der Elemente. Anordnungen in zwei und sogar drei Dimensionen, auf Kreisen und in Gruppen wurden geprüft und dann wieder verworfen. Schließlich entschloss sich der russische Chemiker Mendelejew, die bis dahin bekannten Elemente aufsteigend nach ihrem Gewicht anzuordnen. Wenn man Lücken ließ und nach ein paar Elementen in die nächste Zeile sprang, standen plötzlich eine Menge der ähnlichen Elemente direkt untereinander. Die Darstellung war erstaunlich einfach und wunderbar logisch. Volltreffer! Punkt für die Naturwissenschaften.

Doch nicht nur das: Aus den Lücken war nun ganz leicht abzulesen, was noch entdeckt werden musste. Das Periodensystem wurde quasi eine lange To-do-Liste für die Forschung. Außerdem müssen Chemiestudenten heute nicht Hunderte Elemente mit allen ihren Eigenschaften auswendig lernen. Es reicht für eine grobe Einschätzung der Stoffeigenschaften völlig, die Position des Elements im Periodensystem zu kennen. Die Nobelgase, die Mendelejew noch nicht kannte, fügten sich hervorragend in das System ein.

Bis heute ist das Periodensystem eine wichtige Grundlage chemischer Forschung, es werden immer noch Elemente hinzugefügt, zuletzt 2010 das Tennessine. Das System steht es für einen großen Schritt in der Forschung, für eine tiefe Einsicht in die Funktion der Natur. Damit ist es eine der größten und nachhaltigsten Errungenschaften naturwissenschaftlicher Forschung.

Zugegebenermaßen änderte das Periodensystem nicht nachhaltig die Gewohnheiten der Menschen, es griff auch nicht tief in den Alltag ein. Aber dafür ist umso mehr unser zweiter Kandidat zuständig. Die Elektrizität hat unser Dasein derart verändert, dass uns ihr Ausfall sofort schmerzlich auffällt. Elektrizität ermöglicht Kommunikation, ist aus den Krankenhäusern nicht mehr wegzudenken, spendet Licht, lässt Bahnen fahren und noch eine ganze Menge mehr.

Als Alexander von Humboldt auf seinen Amerika-Expeditionen Anfang des 19. Jahrhunderts eigenartige Fische entdeckte, war das Thema Elektrizität in seiner heutigen Ausdehnung noch ganz weit weg. In einem Artikel in den *Annalen der Physik* berichtet er 1807, wie Fische durch eigenartige Schocks Pferde töteten. Keiner der Ureinwohner wollte helfen, die Tiere einzufangen, und als es Humboldt gelang, einige Exemplare an Land zu bringen, bekam er selbst einen der elektrischen Schläge, die auch für Menschen tödlich sein können. Ihre eigenen Organe schützen die Fische durch dicke, isolierende Fettschichten.

Ein paar Jahre vor Humboldts Begegnung mit den Zitteraalen gelang es erstmals, elektrische Energie zu speichern. Die sogenannte Leidener Flasche wurde zuerst 1745 vom deutschen Juristen und Naturwissenschaftler Ewald Georg von Kleist entdeckt und ein Jahr später unabhängig davon durch den niederländischen Forscher Pieter van Musschenbroek. Sie bestand aus einer Flasche, deren Glas beidseitig mit Metall beschichtet wurde. Indem man die beiden Metallschichten gegeneinander auflud, ließ sich Spannung speichern. Dadurch konnte aber auch die Leidener Flasche nur kurze Stromstöße erzeugen. Die konnten zwar durchaus tödlich für den Menschen sein, aber man konnte keinen langen, anhaltenden Strom erzeugen – genauso, wie man nur kleine einzelne elektrische Schocks verteilen kann, wenn man mit Gummisohlen über einen Turnhallenboden schlurft. Die Leidener Flasche erlaubte es dem italienischen Mediziner Luigi Galvani immerhin, Versuche an Froschschenkeln durchzuführen. Als dann Alessandro Volta, der Namenspate der Einheit Volt, 1800 die erste Batterie entwarf, die eine etwas zuverlässigere Quelle von Strom war, nahm die Forschung Fahrt auf. Vor etwa 140 Jahren wurde die Elektrizität schließlich von einer gesellschaftlichen Belustigung zur Notwendigkeit. Die Entwicklung machte einige der beteiligten Forscherinnen und Forscher sehr reich, andere hatten mit ihren Patenten weniger Glück und blieben trotz relevantem Beitrag arm.

Der Name, den wir heute mit Elektrizität verbinden, ist Thomas Alva Edison. Sein Institut, das er für seine eigene, industrielle Forschung gegründet hatte, meldete eine große Zahl von Patenten an und unterstützte Erfindungen anderer Forscher. Vieles, was er auf den Markt brachte, war eine Vorversion der vielen technischen Geräte, die uns heute umgeben. Edisons Karriere begann, als er einen Telegraphen erfand, auf dem nicht nur ein, sondern gleich vier Signale parallel zueinander laufen konnten. Er erhielt das amerikanische Patent für eine Glühbirne, die tatsächlich industriell nutzbar war und nicht innerhalb von ein paar Stunden durchbrannte. Er arbeitete auch an der Entwicklung von abspielbarer Musik: Seine Wachswalzen setzten den Industriestandard, auch wenn er nicht der Erste war, der sie verkaufte. Er entwickelte unabhängig von einem anderen Erfinder das erste Mikrophon, das Sprachtelefonie ermöglichte.

Aber sein Platz in den Geschichtsbüchern resultiert aus einer viel größeren Leistung: Er setzte die Welt unter Strom. Die erste Stadt, die in den Genuss elektrischen Lichts kam, war New York. Ein Bericht des *New York Herald* aus dem Jahr 1882 schildert, dass ein Glimmen in den Geschäften eines Bezirks zu sehen sei, wie «Flammentropfen», nur ohne das Flackern der damals üblichen Laternen. Die Elektrifizierung sei kein bloßes Experiment, sagt der Artikel, sondern eine Demonstration der erfolgreichen Arbeit Edisons, der erste Schritt auf einem langen Weg. Und das war vollkommen richtig. Die Welle der Elektrifizierung schwappte nach Europa. Das erste elektrifizierte Dorf im damaligen Deutschen Reich war Dorstfeld, heute eher als Neonazi-Hochburg denn für besondere Leuchten bekannt. 1887 berichtet die *Dortmunder Zeitung* voller Stolz, wie ein «allgemeiner Jubel» ausbrach, «als unerwartet das gesamte Dorf im electrischen Glanze erstrahlte».

Sogar den ersten sogenannten Formatkrieg führte Edison. Sollte die Welt mit Wechsel- oder mit Gleichspannung versorgt werden, also sollte die Spannung in der Steckdose konstant sein oder permanent hin- und herschwingen? Beide Formen liefern Energie an, verhalten sich aber in den Stromleitungen ausgesprochen unterschiedlich. Edison war für Gleichspannung. Die Technik hat einige ziemlich schwere Probleme, Edison aber besaß eine Menge Patente für Gleichstrom und wollte Geld verdienen. Sein Gegner, der Erfinder, Unternehmer und Großindustrielle George Westinghouse, hatte eine ganze Menge Nachteile im Kampf: Edison hatte das Patent für Glühbirnen inne und sorgte dafür, dass keine davon mit Wechselstrom funktionierte. Da die Beleuchtung in den Anfangszeiten eine der wichtigsten Anwendungen von Strom war, war das ausgesprochen relevant.

Gegen alle diese Widrigkeiten baute Westinghouse sein erstes großes Spannungsnetz. Das beunruhigte Edison, er wusste um die technischen Vorteile der anderen Technik. Also setzte er seine letzte Trumpfkarte ein: die Emotionen des Volkes. Er versuchte, Angst zu schüren. Da die Elektrifizierung von New York recht ungeplant verlaufen war, hatte jede der

Energiefirmen ihre eigenen Leitungen, die über den Straßen wild durcheinanderhingen und kaum isoliert waren. Als durch einen Schneesturm in New York einige Leitungen rissen, starb ein Fußgänger an einem elektrischen Schock, nachdem er eine Leitung berührt hatte. Edison nutzte das aus: In einer langen Broschüre führte er aus, dass die Gefahr des elektrischen Schocks vor allem deswegen bestand, weil die Leitung, die der Fußgänger berührte, Wechselspannung geführt hatte. Gleichspannung, so betonte er immer wieder, habe noch keinen einzigen Tod herbeigeführt.

Wo wir gerade beim Thema sind: Die Todesstrafe war schon damals eine grausamen Sache und ihre Methoden auch. Als humanere Methode wurde der elektrische Stuhl erdacht, und Edison sollte die Technologie entwickeln. Er entschied sich dafür, die Technologie seines Konkurrenten zu benutzen, um zu beweisen, wie gefährlich Wechselstrom sei. Er ging sogar so weit, «to be westinghoused» als Redensart für einen Stromschlag durch Wechselstrom einzuführen. Auch Edisons Gleichstrom war gefährlich, aber die Bedeutung von Marketing hatte er hervorragend durchschaut.

Am Ende entschied sich der Markt zum Glück für die technisch sinnvollere Lösung: Unsere Netze laufen mit Wechselstrom. Westinghouse bekam den prestigeträchtigen Auftrag, die Weltausstellung in Chicago 1893 mit seinem Stromsystem auszustatten. Faszinierenderweise schaltete der letzte auf Gleichstrom setzende Stromversorger in New York, die Consolidated Edison, erst 2007 seine Netze ab; 1998 hingen noch 4600 Kunden am Gleichstromnetz. Der Streit zwischen Westinghouse und Edison war einer der wichtigsten in der Industriegeschichte: Er definierte, wie die ersten Stromnetze gebaut wurden.

Die Chemie und das Periodensystem, die Elektrizität als Teil der Kultur – was kann da noch kommen? Ein wahrer Lebensretter! Und zwar die Theorie, die uns heute ermöglicht, zu verstehen, warum Impfungen funktionieren. Und sie begann an einer unerwarteten Stelle zu sprießen: dem Tulpenhandel.

Tulpen, die in den Niederlanden in der zweiten Hälfte des 16. Jahrhunderts eingeführt wurden, entwickelten sich nach und nach zu Liebhaberobjekten, wurden zu Luxusgütern und einem Statussymbol der Reichen. Plötzlich war es schick, möglichst außergewöhnliche und besondere Tulpen zu besitzen. Die Preise stiegen, aber die existierenden Tulpen unterlagen einer großen Einschränkung: Sie waren zwar gesund und stark und strahlten in wunderschönem Rot, Gelb oder Weiß – aber leider nur einfarbig, und einfarbige Blumen waren bald absolut nichts Besonderes mehr. Man kann sich also vorstellen, wie groß die Aufregung gewesen sein muss, als der niederländische Botaniker Charles de l'Écluse eine Schrift veröffentlichte, die er «Die Geschichte eigenartiger Streifen [auf Tulpen], beobachtet in Spanien» nannte. Er hatte tatsächlich Tulpen gefunden, die mehrfarbig waren! Was dann begann, war wohl die erste dokumentierte Handelsblase: die sogenannte Tulpenmanie. Die neuen, bunten Sorten – die dunkelrot gemusterte Viceroy oder die rot gestreifte Semper Augustus – kosteten plötzlich ein Vermögen. Zwischen 1630 und 1637 schossen die Preise in die Höhe, je exotischer und bunter gestreift die Pflanze war, desto teurer wurde sie. Flämische und niederländische Maler malten detaillierte Porträts der begehrten Blumen, der Preisanstieg schien unaufhaltsam. Aber dieser Hype endete wie so viele Modeerscheinungen natürlich irgendwann wieder: Das Interesse nahm schlagartig ab, der Preis sank; die Zeit, in der man mit den Tulpenzwiebeln ein Vermögen hatte machen können, war endgültig vorbei. Was aber hatte die vorher einfarbigen Pflanzen bunt gemacht? Und warum gingen die wunderschön gemusterten Pflanzen nach einigen Generationen Zucht einfach ein, ohne dass man irgendetwas dagegen tun konnte?

Die Antwort ist einfach: Der Grund für die Farbänderung der Tulpen war ein Virus. Das, was die Menschen als Schönheit schätzten, war für die Pflanze selbst schlicht eine Krankheit, der sie über mehrere Generationen hinweg schließlich erlag. Die Krankheit wurde übertragen, wenn man nicht infizierte Tulpen nahe den bereits infizierten Tulpen einpflanzte. Damit hatten die Gärtner – ohne den geringsten Schimmer – eine virologische Untersuchung durchgeführt und dabei erfolgreich und gezielt eine Krankheit übertragen. Die heutigen Tulpen tragen diese Eigenschaft inzwischen in ihren Genen, Vielfarbigkeit ist keine Krankheit mehr. Aber zur Zeit des großen Tulpenwahns musste man seine Pflanzen infizieren, um sie schön und wertvoll zu machen.

Ende des 19. Jahrhunderts, ganze 250 Jahre später, kam die Wissenschaft einen relevanten Schritt weiter. Der Agrikulturchemiker Adolf Mayer hörte von einer Krankheit, die in den Niederlanden Tabakpflanzen befiel. Mosaikkrankheit benannte er sie – nach der schwarz-hellen Musterung, die die Blätter aufwiesen. Um auszutesten, wie sich die Krankheit verbreitete, entschied er sich, die kranken Blätter zu einem Pulver zu zerreiben, es mit Wasser zusammenzubringen und diesen Mix in gesunde Pflanzen zu injizieren. Und tatsächlich: Fast alle der so angesteckten Pflanzen bekamen die Krankheit kurz darauf. Mayer aber konnte mit seinem Mikroskop keinerlei Bakterien in der Flüssigkeit erkennen, die er als Auslöser im Verdacht hatte. Dass die Krankheit gar nicht durch Bakterien, sondern durch Viren ausgelöst wurde, war ihm nicht klar. Er hielt an seiner Vermutung fest, glaubte, dass es sich einfach um extrem kleine, für das Mikroskop unsichtbare Bakterien handele. Als aber selbst neueste Filtermethoden kein Ergebnis hervorbrachten, wurde nach und nach klar, dass es sich um einen neuen Krankheitserreger handeln musste. Als die Mikroskope besser wurden, gelangen ihm sogar ein paar Bilder der winzig kleinen Krankheitserreger.

Die Entdeckung von Viren allein wäre aber kein solcher Umbruch. Einer Krankheit einen Namen geben zu können heilt sie normalerweise noch nicht. Doch das Wissen um die Viren machte es möglich, gegen Krankheiten zu impfen. So können ganze Krankheitszweige komplett besiegt werden – zumindest in den Regionen dieser Welt, die sich flächendeckende Impfungen leisten können und auch ihren Nutzen anerkennen. Diese Entdeckung betrifft jeden von uns – und verhindert oftmals, dass wir schon im Kindesalter schwer erkranken. Im Gegensatz zu vielen geisteswissenschaftlichen Konzepten bleibt diese Entdeckung im wahrsten Sinne des Wortes virulent.

Fundamentale Veränderungen sind erst durch Naturwissenschaftler angestoßen worden. Sonst würden wir heute noch im Kerzenschein sitzend von jedem x-beliebigen Virus, der gerade um die Ecke käme, ausgeknockt werden. Edison war sicher ein streitbarer Zeitgenosse – aber es braucht so einen Wühler in jedem Team, es braucht einen, der die Tiefschläge treffgenau platziert. Und ohne Edison würden die Geisteswissenschaftler sie im stockdunklen Ring noch nicht mal kommen sehen!

An die Naturwissenschaften: Tiefschläge von eurer Seite bringen uns nicht aus dem Konzept, denn unsere Deckung ist unschlagbar. Mit dem Umfallen haben wir es nicht so, dafür umso mehr mit Umbrüchen. Ereignisse, die die Welt zutiefst verändert haben, sind unsere Spezialität. Das kann eine einzige Schlacht gewesen sein, die über Bestehen oder Untergang eines Landes entschied, eine Erfindung, die politisches Gewicht mit sich brachte und den Umgang mit Religion grundlegend veränderte, oder eine Revolution – ob mit Waffengewalt oder nur in den Köpfen. Gerade die Geschichtswissenschaft beschäftigt sich intensiv mit solchen Umbrüchen: Sie versucht, entscheidende Ereignisse zu benennen, die den Verlauf der Geschichte fundamental verändert haben. Aber es ist auch die Suche nach den Ursprüngen dieser Veränderungen, die die Geschichtswissenschaft ausmacht: der ganz große Wurf, bei dem verschiedene Fäden am Ende zusammengebracht werden und der eine neue Sichtweise auf die Vergangenheit und damit auch auf die Gegenwart möglich macht. Was genau diese Umbrüche sind, darüber streiten sich Historiker. Mit Hilfe von einschneidenden Ereignissen versuchen wir zum Beispiel auch, Epochengrenzen zu bestimmen. Dabei handelt es sich natürlich um konstruierte Einheiten, die wir, die ja schon wissen, wie die Geschichte ausgeht, rückblickend erstellen – sie geben uns aber einen Rahmen, in dem wir Ereignisse und Narrative untersuchen und einordnen können.

Die geisteswissenschaftlich geprägten Umbrüche springen einem nicht so sehr ins Gesicht wie die der Naturwissenschaften. Wer das Licht anmacht, lässt es hell werden – eine grelle Erinnerung daran, dass mal jemand die Glühbirne erfunden hat. Das passiert eher nicht, wenn ein Buch aufgeschlagen wird – denn Bücher scheint es gefühlt schon immer gegeben zu haben. Klar, Elektrizität ist schon ein ganz schöner Brummer im Ring. Heißt aber nicht, dass man es nicht mit ihr aufnehmen könnte. Die Geisteswissenschaft, genauer, die Geschichtswissenschaft, schickt eine Auswahl ihrer größten Umbrüche auf die Bretter – denn seien wir mal ehrlich, alle geeigneten Kandidaten hätten nicht mal in die Boxhalle gepasst (aber Geisteswissenschaftler sind ja nicht so gut mit Zahlen, gell?). Klingeling!

Eine historische Figur betritt die Arena, denn bei uns sind es nicht die Forscher, sondern es ist der Forschungsgegenstand selbst, der im Mittelpunkt steht – anders als bei den Naturwissenschaften. Alexander der Große ist ein echtes Schwergewicht. Muskeln ohne Ende, ordentliche Schlagkraft. Sieht man ja bereits an den geölten, muskelbepackten Varianten, die Hollywood zu bieten hat (darüber, wie verstörend es ist, dass zwei gleichalte Schauspieler Mutter und Sohn verkörpern, wie Angelina Jolie und Colin Farrell in der neuesten Alexander-Adaption, reden wir ein andermal). Alexanders Durchschlagskraft zeigt sich aber nicht am Sixpack oder an der Breite seiner Schultern, nicht nur an seinen weithin bekannten Taten, sondern vor allem auch an seinem Tod, der eine enorme historische und politische Wucht entfaltete. Während die Makedonen, ein ärmliches Hirtenvolk im Osten, zuvor recht ruhmlos vor sich hin lebten, schuf Alexanders Vater Philipp schon einmal die Basis für die späteren legendären Siegeszüge seines Sohnes: ein starkes, gut ausgebildetes Militär. Klar, Alexanders Feldzug, der ihn und sein Heer bis nach Indien führte, ist weltberühmt – und brachte damals Griechen und Römer zum Zittern. Die Quellenlage, was Alexander und vor allem Philipp angeht, ist, wie so oft in der Alten Geschichte, ziemlich übel: Die einzigen Texte, die wir über die beiden haben, stammen nämlich nicht aus makedonischer Hand, sondern aus den Federn von Römern oder Griechen, die ein politisches Interesse an einer tendenziösen Darstellung des makedonischen Königshauses hatten.

Mit welchem Umbruch soll hier also dem tänzelnden Elektrizitätsvertreter ein Schlag beigebracht werden, bei dem ihm die Luft wegbleibt? Der Asienfeldzug? Alexanders Sieg über die Perser, mit denen Griechenland seit Ewigkeiten im Krieg lag? Klar, könnte man machen. Aber wir widmen uns mal nicht Alexanders Erfolgen, die schon weithin bekannt sind, sondern einem Ereignis, das die Welt des Orients und Kleinasiens ebenso nachhaltig zum Beben brachte: seinem plötzlichen Tod. Denn der hatte zur Folge, dass sich die Landkarte der Welt radikal veränderte. Der große Eroberer Alexander, der sich mittlerweile (zum Unmut seiner Makedonen) als Gott verehren ließ, starb auf banale, aber vielleicht gerade deswegen umso dramatischere Weise. Eine Ironie der Geschichte, dass dieser Herrscher, der so viel erreicht hatte, so unspektakulär das Zeitliche segnen sollte. Er erkrankte schwer und verstarb mit zweiunddreißig Jahren in Babylon – warum und woran genau, darüber streiten sich die Quellen genau wie die Historiker. Gift war es jedenfalls nach vorherrschender Forschungsmeinung nicht. Für Alexander wurde zu seinem Todeszeitpunkt der Albtraum eines jeden Herrschers wahr: Er hatte keinen Erben. Allerdings war seine Frau Roxane schwanger, als er starb: 323 v. Chr. kam dann tatsächlich ein Junge auf die Welt – gegen dessen zukünftige Herrschaft allerdings zwei Dinge sprachen: Könige im Säuglingsalter lebten meist nicht lange – und Makedonien hatte kein Erbkönigtum. Zwar stammten die Könige nach gewisser Zeit alle aus dem Haus der Argeaden, aber sie waren nicht zwangsweise die ältesten Söhne und wurden wahrscheinlich von der Heeresversammlung gewählt. Außerdem gab es noch Philipp III. (der in Quellen als geistig verwirrt beschrieben wird, was nicht unbedingt der Fall gewesen sein muss) und Perdikkas, Alexanders Stiefbruder (die Polygamie des makedonischen Königshauses war ja schon in einem anderen Kapitel Thema). Die beiden sollten zunächst als Regenten fungieren, bis Alexander IV. volljährig sein und selbst den Thron besteigen würde. So viel zur Theorie. In der Praxis waren die nächsten Jahre jedoch durch ein Wirrwarr aus Namen und Intrigen geprägt, es kam zum Streit zwischen Alexanders ranghöchsten Offizieren, den sogenannten Diadochen. Alexander IV. wurde vermutlich im Alter von vierzehn Jahren zusammen mit seiner Mutter vergiftet. Zwischen den Diadochen entbrannte nun endgültig ein Krieg, bei dem ständig die Seiten gewechselt wurden – jeder kämpfte für seine eigene Sache. Die Aufteilung des einst mächtigen Alexanderreichs, die am Ende der zahlreichen Diadochenkriege (321–277 v. Chr.) steht, hat die politische Landschaft von Makedonien bis nach Kleinasien und in einzelne Königreiche zersplittert. Die Siegreichen begründeten neue Königshäuser: Ptolemaios das Geschlecht der Ptolemaier, das fortan über Ägypten herrschen würde wie Seleukos über das Seleukidenreich, während Antigonos das Geschlecht der Antigoniden gründen und fortan über Makedonien herrschen sollte.

Rückblickend beginnt damit eine neue Epoche in der antiken Geschichte: die des Hellenismus – ein gefürchtetes Thema bei Staatsexamina, da wirr und schwer zu erklären, ganz zu schweigen von der Masse an Akteuren. Die Könige an der

Spitze der Diadochenreiche, die sich als Griechen sahen (wie schon Philipp und Alexander), integrierten sich problemlos in die Kulte und Religionen ihrer neuen Länder. Eine neue Art zu herrschen war geboren. Die Machtlandschaft hatte sich innerhalb von wenigen Jahrzehnten zerklüftet und völlig neu gestaltet, was wiederum Auswirkungen auf die Geschicke Roms und Griechenlands hatte und auf die Beziehungen der Diadochen und ihrer Nachfahren, der Epigonen, untereinander. Kurz: Nach Alexanders Tod war die Welt eine andere – ein einziges Ereignis hatte die Welt verändert.

Genauso verhält es sich mit einem weiteren historischen Moment, der noch heute millionenfach Menschen und die Art und Weise, wie sie leben, prägt. Die nächste Runde wird eingeläutet durch ein Paar, das es nur im Doppelpack gibt, das Team Buchdruck/Thesenanschlag! Die Erfindung des Drucks mit beweglichen Lettern und Luthers 95 Thesen stellten die Welt auf den Kopf. Dass Luthers Thesenanschlag an der Schlosskirche zu Wittenberg im Jahr 1517 einen Einschnitt in der Kirchengeschichte darstellt, habe ich ja schon mal erwähnt. Etwas, das die katholische Kirche eigentlich reformieren sollte, führte zu einem tiefen Riss zwischen Katholiken und den Reformierten. Es sollte aber nicht nur zur Kirchenspaltung kommen, sondern auch zu zahlreichen Kriegen: innerhalb der einzelnen Länder und zwischen ihnen. Die Bündnisse wurden dabei durch die jeweilige Konfession diktiert. Der Dreißigjährige Krieg war der Höhepunkt dieser blutigen Jahrzehnte, die Europa an den Rand des Abgrunds brachten. Wer nicht getötet wurde, drohte zu verhungern. Erst der sogenannte Westfälische Friede von 1648 machte dem Gemetzel im Namen Gottes ein vorläufiges Ende.

Wie aktuell gewaltsame Spannungen zwischen Katholiken

und Protestanten auch heute noch sind, haben die 8oer Jahre in Nordirland gezeigt – mit den republiktreuen Katholiken und der IRA auf der einen und den evangelischen Unionisten auf der anderen Seite des Bürgerkrieges. In Schottland sind die großen Fußballclubs, vor allem in Glasgow, immer noch (zumindest theoretisch) eindeutig konfessionell zugeordnet: Die *Celtics* sind katholisch, die *Rangers* evangelisch.

Warum es jetzt auch noch den Buchdruck im Ring braucht? Zunächst mal sind Bücher der Sauerstoff eines jeden Geisteswissenschaftlers. Das ist doch, was Naturwissenschaftler uns so gern vorwerfen: dass wir in Elfenbeintürmen sitzen, umringt von Stapeln alter Bücher, die außer uns niemand liest und deren Inhalt wir unverständlich und geschwollen wiedergeben. Ohne Bücher kann der Geisteswissenschaftler nicht existieren, sie gehören zur absoluten Grundausstattung. Und bevor jetzt die Naturwissenschaftler aufschreien, der Buchdruck gehöre ihnen – dann sei lediglich gesagt, dass der Buchdruck eine elementare Revolution in der Geschichte des Buches ist, die einen enormen Effekt auf die Schriftlichkeit hatte. Und Schriftquellen sind die Quellenart, die von Historikern am häufigsten studiert wird. Dank des Buchdrucks haben es Neuzeithistoriker einfacher als die des Mittelalters oder gar der Antike, denn die Menge der verfügbaren Quellen ist dort viel größer (übrigens müssen Geschichtsstudenten bei ihrer Immatrikulation einen heiligen Eid auf die Schriftlichkeit schwören und an der rituellen Schlachtung eines Notizblocks teilnehmen).

Aber, und das ist das stärkere Argument: Der Buchdruck produziert nicht nur Quellen, er wird selbst auch zur Quelle. Der Druck mit beweglichen Lettern, der ab 1450 die herkömmlichen Methoden der Buchproduktion revolutionierte, gehört einer der vielen anderen Quellenkategorien an, mit denen wir uns als Historiker herumschlagen: den Sachquellen. Nicht umsonst ist Technikgeschichte ein eigener Forschungsbereich innerhalb der Geschichtswissenschaft.

Jetzt, wo wir das geklärt haben: Ran ans Eingemachte, Ärmel hochgekrempelt und ab geht's, den Gegner mit ein paar Jabs auf Distanz halten. Waren Bücher früher ein Privileg der Superreichen, weil sie von Mönchen mit teuren Farben in zugigen Klöstern mühselig gemalt und geschrieben werden mussten, verfügte man mit dem Buchdruck jetzt über eine billigere und vor allem schnellere Methode, Texte zu vervielfältigen. Der Siegeszug des Buchdrucks ermöglichte den Menschen die Emanzipation von der Deutungshoheit der katholischen Kirche. Der Buchdruck und Luther schafften in vielen Regionen den Beichtvater ab – wenn man ohnehin in direktem Kontakt zu dem Herrn im Himmel steht, braucht man ja keinen Vermittler mehr, der einem stellvertretend vergibt. Das kann man dann auch direkt klären. Doch damit nicht genug – auch die Französische Revolution im Jahr 1789 wäre ohne die Druckerpresse nicht möglich gewesen. Eine Revolution mit Flugblättern zu starten, die erst nach Jahren fertig sind, hätte vermutlich entschieden an Schwung verloren. Kleiner Disclaimer am Rande: Die ersten Druckerpressen mit beweglichen Buchstaben gab es schon Jahrhunderte früher in China und Korea, aber sie ermöglichten keine Massendrucke wie die spätere Erfindung in Europa. Ein Wissen, das leider damals nicht bis in unsere Gefilde vorgedrungen ist. Der Buchdruck und Luthers radikale neue Ideen verbanden sich jedenfalls in Europa zu einer scheinbar unaufhaltbaren Kraft.

Es sind nicht immer einzelne Personen, die Veränderungen hervorbringen. Manchmal verbinden sich die Anstrengungen vieler zu einer Bewegung, die einen solchen Sog entwickelt, dass sie sozialen Wandel bewirken kann. Es mag uns heute unglaublich erscheinen, dass Frauen bis vor etwa 100 Jahren in Deutschland nicht wählen durften. Doch auch im Rest der Welt sah es nicht anders aus: Mehr als die Hälfte der Weltbevölkerung hatte kein Mitspracherecht darüber, wer sie regierte. Die Finninnen waren 1906 die Ersten, die in Europa wählen duften. Deutschland war erst 1918 so weit, Frauen das Wahlrecht zuzugestehen. Frankreich brauchte noch bis 1944. Der Kanton Appenzell Innerrhoden in der Schweiz erlaubte seinen Bewohnerinnen sogar erst 1990 zu wählen. 1990! In Neuseeland wurde das Frauenwahlrecht immerhin bereits 1893 eingeführt. Auf der nördlichen Hälfte der Weltkugel war man deutlich später dran. In Liechtenstein erhielten Frauen 1984 das Recht zu wählen. In Saudi-Arabien was das erstmals 2015 der Fall.

Zu verdanken haben Frauen ihr Wahlrecht aber nicht der Gnade von Regierungen aus vergangenen Zeiten, sondern es wurde hart erkämpft, und zwar von Frauen. Wo gehört das Frauenwahlrecht als Umbruch eigentlich hin, welche Disziplin der Geisteswissenschaften darf Anspruch darauf erheben? Die Soziologie, die Geschichte, die Politik oder die Rechtswissenschaft? Vermutlich alle ein bisschen, denn letzten Endes kann die Geschichte des Frauenwahlrechts nur durch die Zusammenarbeit all dieser Disziplinen vollständig analysiert und erarbeitet werden.

Die Anfänge verliefen, vor allem in Europa, alles andere als friedlich. Zu Beginn des 20. Jahrhunderts gingen die Geburtenraten zurück. Frauen begannen, gegen die traditionellen Rollenbilder aufzubegehren – eine Atmosphäre, die auch die Forderung nach dem Frauenwahlrecht beförderte. Es war die Zeit der sogenannten Suffragetten, Frauenrechtlerinnen in Großbritannien und in den USA. Der Name Suffragetten kommt vom englischen und französischen «suffrage», was Wahlrecht bedeutet. Sie waren der militantere Teil der aufstrebenden Frauenrechtsbewegung und der Albtraum der Behörden und des verstockten Bürgertums. Emmeline Pankhurst gründete 1903 die *Women's Social and Political Union*. Diese neuen Amazonen trugen zwar immer noch bodenlange Kleider und Korsetts, aber im Kampfgeist standen sie den antiken Kriegerinnen in nichts nach. Sie leisteten in einer rein männerdominierten Gesellschaft Widerstand. Die Skala reichte von Rauchen in der Öffentlichkeit – für Frauen verpönt – bis zu Demonstrationen und Hungerstreiks, mit denen sie auf sich und ihre Sache aufmerksam machten. Den Höhepunkt erreichte der Protest 1913/14: Es kam zu Brand- und Bombenanschlägen. Ziele waren Regierungsgebäude und Banken, aber auch Privathäuser wie beispielsweise 1913 das Haus des britischen Finanzministers David Lloyd George. Der Protest war so laut geworden, dass er nicht mehr überhört werden konnte. Das blieb für die Suffragetten nicht ohne Folgen. Sie wurden teilweise festgenommen und, wenn sie im Gefängnis in den Hungerstreik traten, auf brutale Weise zwangsernährt. Die Bewegung hatte extreme Züge – nicht umsonst hieß ihr Motto «Taten, keine Worte». So kam es bei einer Demonstration von Suffragetten, die am 18. November 1910 versuchten, ins britische Parlament zu gelangen, zu Gewaltausschreitungen von Seiten der Polizei und der Zuschauer gegenüber den Protestierenden. Anlass der Demonstration war die Äußerung des Premierministers Henry Herbert Asquith, dass die sogenannte *Conciliation Bill*, die Frauen ab dreißig mit einem bestimmten Grundbesitz das Wahlrecht zugestanden hatte, auf Eis gelegt werden sollte. Die Demonstration endete im Chaos, und zahllose Frauenrechtlerinnen wurden festgenommen. Der Tag ging als *Black Friday* in die britische Geschichte ein – und hatte damit eine andere Bedeutung als die heutige, die uns vor allem aus den USA bekannt ist, wo es darum geht, möglichst viel im Schlussverkauf zu konsumieren. Die Suffragetten zeigten ihren Zorn gegenüber dem Patriarchat, indem sie Regierungseigentum beschädigten, Proteste organisierten und in der Öffentlichkeit Ärger erregten. Einige griffen zu noch extremeren Mitteln. Wie Emily Wilding Davison, die sich 1913 während eines Pferderennens vor das Pferd von König George V. warf, niedergetrampelt wurde und einige Tage später starb. Der Beginn des Zweiten Weltkriegs bedeutete eine Pause für die Frauenrechtlerinnen, die nun in «Männerjobs» arbeiteten, während die Männer an der Front waren. Was nach Kriegsende auch dazu führte, dass sie nicht mehr bereit waren, die exakt selbe Rolle wie zuvor einzunehmen. Für uns scheint es heute absurd, dass die Frauenrechtsbewegung insgesamt und mit ihr das Streben nach dem Frauenwahlrecht von zahlreichen Frauen und Männern abgelehnt wurde.

Vielleicht spürt man nicht jeden Tag die Auswirkungen von Luthers Thesenanschlag, wenn man an der Kasse im Supermarkt wartet. Muss man auch nicht. In diesem Fall sind die Veränderungen, die Luthers Kirchenreform gebracht hat, so elementar, dass sie uns heute gar nicht mehr auffallen. Und doch wäre unsere Geschichte, unsere Identität, eine andere, hätte sie nicht stattgefunden. Die Umbrüche in den Naturwissenschaften sind meist offensichtliche Prozesse, die die Welt durch eine Erfindung oder Entdeckung fundamental verändern. Klar, dank der Physik müssen wir nicht mehr neben stinkenden Petroleumlampen sitzen. Aber was ist das gegen die unzähligen Umbrüche, denen die Geisteswissenschaften auf den Grund gehen, die die Welt von Menschen ins Schwanken gebracht haben, auf gute und schlechte Weise? Wer behauptet, Alexanders Tod hätte für uns heute keine Relevanz mehr, tänzelt in der völlig falschen Ecke herum. Denn nur, weil man im Alltag nicht ständig damit konfrontiert wird, heißt das nicht, dass dieser Umbruch den Lauf der Weltgeschichte nicht fundamental verändert hat. Was wären wir heute ohne das Frauenwahlrecht? Ohne den Buchdruck? Aus den Bereichen der Geschichtswissenschaft und der Politik kommen die Veränderungen, deren Wucht noch heute zu spüren ist. Das Frauenwahlrecht hat der Hälfte der Bevölkerung, der zuvor jegliches Mitspracherecht versagt war, eine Stimme gegeben. Mehr Kraft kann hinter einem Schlag wohl nicht stecken.

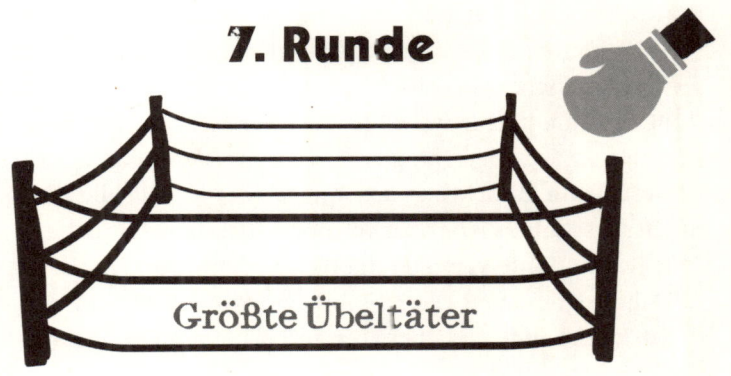

7. Runde

Größte Übeltäter

— Die Macht der Worte —

Es gibt Dinge auf der Welt, die sollte man lieber lassen. Weil sie gefährlich sind. Wer einen Kumpel hat, der in der Notaufnahme arbeitet, weiß beispielsweise, was im Umgang mit Staubsaugern schiefgehen kann – und genauer will man sich damit gar nicht beschäftigen. Manche Sachen lernt man mit der Zeit – zum Beispiel, dass man eine heiße Herdplatte nicht anfassen sollte, weil das echt weh tut. Oder dass neben dem Adventskranz immer jemand sitzen sollte, während die Kerzen brennen. Aber lassen wir mal den erlernbaren Alltagskram beiseite. Das größte Gefahrenpotenzial für unsere Welt stellen immer noch wir Menschen selbst dar. Das hat die Geschichte wieder und wieder gezeigt.

Naturwissenschaftler können fürchterlich verheerende Waffen erfinden, ja. Doch die sind nichts ohne die Menschen, die sie einsetzen wollen. Diktatoren und Alleinherrscher machen sich durch ihren Machthunger einen Namen, tun alles, um andere beeinflussen, sie für ihre Zwecke einspannen, ihre wunden Punkte erspüren zu können.

Politologen, Sozialwissenschaftler, Linguisten und Historiker versuchen zu erforschen und zu verstehen, wieso zum Beispiel die faschistische Ideologie der Nazis auf derartige Resonanz stieß. Hier drängen sich die größten Übeltäter in der Geschichte in Richtung des Ringes, aber das Ziel der Geisteswissenschaften ist es, zu verhindern, dass gefährliche Ideologien und ihre Vertreter die Welt in Schutt und Asche legen. Daher schicken sie diesmal ihre besten Disziplinen in diesen Boxkampf, um die Übeltäter zu entlarven. Der Preis, diese Gestalten selbst in den Kampf zu schicken, scheint zu hoch. Man darf ihnen keine Plattform bieten. Deswegen müssen die Geisteswissenschaften auch heute noch Tag für Tag den Kampf aufnehmen. Wie gefährlich ist ein giftiger Gedanke, der sich rasend schnell verbreiten kann? Welche Werkzeuge werden dazu benutzt? Diese Fragen sind heute wieder äußerst aktuell, und es bleibt zu hoffen, dass der Mensch sich doch noch als lernfähig erweist und Erkenntnisse auch außerhalb der akademischen Blase andocken können. Die geisteswissenschaftlichen Disziplinen liefern dafür das nötige Rüstzeug, indem sie sich intensiv mit den Funktionsmechanismen der dunklen Seiten der Geschichte befassen. Dazu gehört natürlich auch das schrecklichste Kapitel der deutschen Geschichte: der Nationalsozialismus.

Das Erfolgsrezept der Nazis bestand aus vielen verschiedenen Komponenten. In der Weimarer Republik hatten sich politische Unzufriedenheit und Frustration breitgemacht. In einer solchen Zeit fiel das Versprechen, Teil einer starken, dominanten Gruppe zu sein, auf fruchtbaren Boden. Befeuert wurde dieses Bedürfnis auch durch die sogenannte Dolchstoßlegende, die von rechten Kräften darauf maßgeschneidert war, das gekränkte Ego der Deutschen nach der Niederlage im Ersten Weltkrieg und den Auflagen des Versailler Vertrags zu befriedigen. Im Propagandaministerium entwarf man unter der Leitung von Joseph Goebbels dazu passend eine neue Art von Massenveranstaltungen, die heute als typisch für den Faschismus gilt. Aber es waren nicht nur knatternde Fahnen und Uniformen, die vor allem bei den Jugendlichen gut ankamen. Mit dem Propagandaminister Goebbels hatte Hitler einen meisterhaften Manipulator, der es wie kein anderer verstand, Sprache selbst als Waffe einzusetzen. Propaganda an sich war nichts Neues, die hatte es schon im Ersten Weltkrieg zur Genüge gegeben. Damals war sie so exzessiv betrieben worden, dass man im Ausland ersten Berichten über deutsche Konzentrationslager keinen Glauben schenkte. Was Goebbels gelang, war eine neue Art von Sprachmanipulation. Die Grundlage dafür, quasi das verfügbare Vokabular, hatte Hitler schon in seiner Hetzschrift *Mein Kampf* vorgestellt. Das Fundament war gelegt.

Victor Klemperer, der als Professor für Sprach- und Literaturwissenschaft an der TU Dresden lehrte und 1935 wegen seiner jüdischen Abstammung entlassen wurde, hat sich damals heimlich in seinen Tagebüchern eingehend mit der Sprache der Nationalsozialisten und ihren Besonderheiten beschäftigt. In halb spöttischer Anlehnung an den Abkürzungswahn der Nazis (BDM, SA, SS, HJ und so weiter und so fort) nannte er sie LTI – Lingua Tertii Imperii (Sprache des «Dritten Reichs»).

Klemperer beobachtete akribisch, wie die Sprache einer kleinen Gruppe zur Sprache der Mehrheit wurde, indem Nazi-Begriffe scheinbar mühelos in die Alltagssprache eingingen.

Seine Analyse kann uns helfen, auch die Sprache heutiger Populisten zu entlarven.

Die Nazis schufen neue Wörter wie «Endlösung» oder «fremdvölkisch». Bereits bestehende Wörter wurden umgedeutet («fanatisch» wurde beispielsweise positiv besetzt). Die Sprache wurde militarisiert («Überlebenskampf»); gerne auch durch Schlagworte, die man unter Verwendung von Vokabular aus der Biologie, Ethnologie und dem Krieg zu neuen Wörtern wie «Rassenschande» oder «Blutbewusstsein» zusammensetzte. Martialisch und pathetisch hatte Sprache zu sein, sie sollte der Macht und Stärke des neuen Staates Ausdruck verleihen. Normal reichte nicht, alles musste im Superlativ formuliert werden – und absolut.

Der ideale Nazi sollte dynamisch sein, stark und immer in Bewegung – jederzeit bereit loszuschlagen. Die Sprache des Nationalsozialismus war keine komplizierte Sprache. Denn, das wusste Goebbels, in zu langen Sätzen geht die einfache Propagandabotschaft unter. Man begebe sich also auf das Niveau des Dümmsten in der Menge, damit man alle erreicht. Das kommt uns bekannt vor. Manch einer kommt heute mit 140 Zeichen aus.

Die Sprache der Nationalsozialisten arbeitete aber nicht nur mit martialischen Begriffen aus Krieg und Militär, sondern vereinnahmte auch Begriffe aus dem Bereich der Religion. Vor allem im Katholizismus, der von den Nazis ja eigentlich vehement abgelehnt wurde, fand sich viel brauchbares Sprachmaterial. Klemperer zeigt das in seinen Aufzeichnungen deutlich: Aus toten Nationalsozialisten werden «Märtyrer» und «Blutzeugen», die SS wird als «Orden nordischen Blutes» bezeichnet. Es ist von der «Ewigkeit» des «Dritten Reiches» die Rede, Hitler ist es, der als «Heiland» dem deutschen Volk die Erlösung bringen soll. Er wird bezeichnet als «Werkzeug der Vorsehung», wird kultisch verehrt – jetzt steht eben anstatt des Papstbildes Hitler auf dem Kaminsims. Die Bezüge sind überdeutlich – wer getötete Soldaten «Apostel» nennt, der ist nicht gerade subtil.

Die Nazis schöpften aus Geschichte, Kunst und Religion, um ihre neue Ideologie zu festigen und zu legitimieren. Zusammen mit der Sprachmanipulation bildete dies ein gefährliches Propagandawerkzeug. Aber das allein reichte noch nicht. Sprache ist nur ein Teil der Wirkung, die hier in der Zusammenarbeit mit einer theatralischen Inszenierung auftritt. Flaggen, Paraden, Märsche, Massenveranstaltungen und der einheitliche Gruß (übrigens bei den italienischen Faschisten abgeschaut und leicht verändert) sorgten dafür, dass der Einzelne sich nicht mehr als Individuum fühlte, sondern sich in der Masse auflöste, sich von ihrem Rausch mitreißen ließ. Nordkorea lässt grüßen. Es hat einen Grund, dass es vielen Deutschen heute noch höchst unangenehm ist, wenn ein Fußballstadion voller Fans «Sieg, Sieg, Sieg!» brüllt – die Parallelen zu Goebbels' Rede im Sportpalast sind für manche offensichtlich. Damals ging seine Frage «Wollt ihr den totalen Krieg?» in frenetischem Gebrüll und Jubel unter. Masse lässt das Individuum verschwinden. Was den einzelnen Menschen natürlich nicht von Schuld freispricht. Und doch scheint es etwas im Menschen zu geben, das immer wieder auf Populismus dieser Art hereinfällt. Man muss sich bloß in Europa umschauen. Jemandem, der mit deutscher Geschichte vertraut ist, wird dabei ganz anders zumute.

Die Propaganda des Nationalsozialismus war kein mythisches Wunderwerk, sie hatte System. Ein System, das entschlüsselt werden kann. Denn nur, wer weiß, wie ein System funktioniert, kann es erkennen, wenn sein Grundgedanke wieder zu keimen beginnt. Daher sind Philologie, Religionswissenschaft, Geschichte, Psychologie, Politik- und Literaturwissenschaft unverzichtbar. Sie sind die einzige Möglichkeit, etwas Derartiges durchschaubar zu machen.

Vergessen wir nicht, in den dreißiger Jahren waren zahlreiche Wissenschaftler mit von der Partie. Diese Runde im Ring ist keine, die man aufgrund der erbrachten «Leistungen» gewinnen möchte. Da die Vergiftung von damals zum Teil ihre Wirkung bis heute zeigt, ist sie nachhaltiger, als man vielleicht denkt. Von Sieg möchte man in dieser Runde nicht sprechen, wohl aber darauf setzen, dass die Geisteswissenschaften Sprache, Ideologien und Symbole erforschen, dechiffrieren, Muster und Verbindungen aufzeigen und somit durchschaubarer und weniger wirkmächtig machen können. Verzichten können wir auf die Auseinandersetzung mit der dunklen Seite nicht, auch wenn das einen Punktverlust bedeutet.

Der größte einzelne ★ Umweltverschmutzer und ★ seine Geschichte

Sich in den Ring zu begeben, wenn nach dem größten Gefahrenpotenzial gesucht wird? Viel Glück, möchte man da den Geisteswissenschaftlern zurufen, denn wir haben Nuklearwaffen im Keller. Da lassen wir sie aber auch: Die Atombombe macht es zwar möglich, die ganze Erde auf Knopfdruck zu zerstören, ist aber als Kandidat viel zu vorhersehbar. Stattdessen berichtet dieses Kapitel davon, wie risikoreich es sein kann, die Dobermänner unter den Naturwissenschaftlern von der Leine zu lassen.

Aber war Thomas Midgley wirklich ein Dobermann? War er nicht nur ein ganz normaler Forscher mit den besten Intentionen? Midgley war Chemiker, und zwei seiner Entdeckungen waren so sensationell, dass sie von der Industrie in den 1920er Jahren geradezu manisch eingesetzt wurden. Er galt als Weltverbesserer, seine beiden Entwicklungen wurden etwa 50 Jahre genutzt. Thomas Midgley ist aber auch die eine einzige Person, die persönlich und weltweit so viel zur Umweltverschmutzung beigetragen hat wie kein anderer. Wie konnte das passieren?

Um das alles zu verstehen, hilft ein kleiner Ausflug in die Geschichte. Für eine lange Zeit war Kälte nicht künstlich erzeugbar. Die Menschen mussten Keller nutzen oder Kühlung durch Verdunstung herbeiführen – denselben Effekt erzielt man, wenn man an einem heißen Sommertag nasse Socken anzieht. Um Essen dennoch nicht verderben zu lassen, räucherte, pökelte, trocknete man; die Menschen weckten Obst ein, zuckerten es oder kochten Marmelade. Geräucherter Schinken ist heute eine Delikatesse, früher war das Räuchern eine Notwendigkeit, wenn man das Fleisch nicht sofort essen konnte. Eier und Milch ließen sich quasi überhaupt nicht konservieren und verdarben schnell. Man kann sich daher den Enthusiasmus vorstellen, als im 19. Jahrhundert eine Industrie aufkam, die eine Lösung für dieses Problem bereithielt: große, transportable Eisbrocken. Man musste sie nur von den kalten, zugefrorenen Seen an wärmere Orte transportieren. Das Eis wurde in Norwegen oder an der nördlichen Ostküste von Amerika aus Seen oder Flüssen herausgeschnitten, nach Süden verfrachtet und dort in gut isolierten Eishäusern gelagert, bis es verwendet wurde. An vorderster Front stand der «Eiskönig» Frederic Tudor. Er versuchte seit frühester Jugend, das Geschäft groß aufzuziehen, und ließ sich selbst durch hohe Schulden und eine Vielzahl von Missgeschicken nicht davon abbringen. Er ging so weit, persönlich gekühlte Getränke in Bars zu bringen, um die Gäste davon zu überzeugen. Der Erfolg gab ihm, wenn auch verzögert, recht: Um das Jahr 1900 erreichte das Geschäft mit dem Eis seinen Höhepunkt. 90 000 Arbeiter und 25 000 Pferde verdienten Geld und Futter in der Branche. Leider war das Produkt, das aus offenen Gewässern kam, oft verschmutzt; und gefrorenes Wasser aus kalten Ländern bis nach Südamerika oder Indien zu transportieren war kompliziert. Amerika war aber von der Kälte angefixt. Also mussten Maschinen her, mit denen jeder Bürger diese Kälte zu Hause über Elektrizität einfach herstellen konnte. Dieser Traum wurde in den 1910er Jahren wahr, als man begann, Kühlschränke für den Hausgebrauch herzustellen; Maschinen, die Statussymbol, Luxus und ein Symbol für den Fortschritt waren. Sie hatten nur zwei Nachteile: Sie gingen sehr häufig kaputt, und hin und wieder trat das Kühlmittel aus. Letzteres ist insbesondere dann besorgniserregend, wenn man die drei Stoffe kennt, die damals als Kühlmittel in Frage kamen: Ammonium, Schwefeldioxid oder Methylchlorid – jeweils sehr giftig. Ammonium wirkt stark ätzend auf Schleimhäute von Lunge und Augen und ist bereits in äußerst geringer Konzentration für Wassertiere tödlich. Schwefeldioxid führt in der Atmosphäre zu saurem Regen, ist beim Einatmen schädlich für Lunge und Bronchien und kann zu Anämie führen. Methylchlorid schließlich löst Störungen des Zentralnervensystems aus, schädigt Leber, Niere und Herz, kann Krebs auslösen und ist zu allem Überfluss auch noch höchst brennbar. Es ist daher leicht nachzuvollziehen, dass die Forschung fieberhaft nach neuen, ungiftigen, nicht flammbaren Alternativen suchte, die weder Metall zum Rosten brachten noch chemisch einfach zerfielen.

Es war also eine Sensation, als Thomas Midgley auf dem Kongress der *American Chemical Society* 1930 sein neues Kühlmittel einatmete, es in seiner Lunge behielt, sich einer Kerze näherte und diese dann mit dem Gas ausblies. Sein Dichlorfluormethan war nicht nur hervorragend zum Kühlen geeignet, sondern zudem auch nicht brennbar – sonst wäre er auf dem Kongress nicht als Erfinder und Innovator in Erinnerung geblieben, sondern als Feuerspucker.

Wobei, ganz so eindeutig waren die vorhergehenden Tierversuche nicht gewesen. Hunde, Affen und Meerschweinchen fingen an, zu zucken und zwanghaft zu urinieren, als sie höheren Konzentrationen des Gases länger ausgesetzt wurden. Meerschweinchen starben sogar nach 50 bis 100 Stunden bei einer Dichlorfluormethan-Konzentration von 20 Prozent. Aber 20 Prozent über weit mehr als einen Tag? Sollte eigentlich nicht vorkommen. Die Dosis macht das Gift, und Midgley schloss daraus, dass die Giftigkeit seines Gases keine Gefahr bedeutete. Das neue Wundergas war aber nicht nur zur Kühlung brauchbar. Es ließ sich zudem hervorragend in Sprühdosen einsetzen, denn es reagierte nicht mit anderen Stoffen und fand sich deshalb bald in Farbsprühdosen, Deodorants und Asthmamitteln.

Genau diese Allgegenwärtigkeit, der Erfolg dieses Gases, war die Crux. Midgleys Dichlorfluormethan ist nämlich ein Fluorchlorkohlenwasserstoff, kurz FCKW. Setzt man Stoffe dieser Gruppe in der Atmosphäre frei, wird ihre Stabilität zum Problem. Sie gelangen nämlich in obere Luftschichten. Dort werden sie durch Licht aufgespalten und bilden Chlorradikale – Radikale nennt man besonders reaktionsfreudige Stoffe. Chlorradikale reagieren mit Ozon und bauen es zu normalem Sauerstoff ab. Wäre hier Ende, wäre alles nicht so schlimm. Aber leider reagiert der Stoff weiter und produziert schließlich neue Chlorradikale, die wiederum mit Ozon reagieren können. Dieser Zyklus lässt sich quasi beliebig oft wiederholen. Das ist der Grund, warum FCKW eine so relevante Mitschuld am Ozonloch gegeben wird. Zusätzlich trägt es zum Treibhauseffekt bei, weswegen unter anderem Deutschland bei einer Konferenz 1990 den Entschluss vorlegte, bis 1997 komplett auf die Verwendung von FCKW zu verzichten.

Man kann sich Thomas Midgley also nicht als Bond-Bösewicht vorstellen, der im Alleingang ein Ozonloch in die Atmosphäre reißen wollte. Ihm war die Konsequenz seiner Entdeckung genauso wenig bewusst wie der gesamten Menschheit, die das Ozonloch 1985 entdeckte, als FCKW schon über 50 Jahre im Einsatz war. Und bei allem Guten, was die Naturwissenschaft für die Menschheit schon geleistet hat, ist es unvermeidlich, dass sich auf lange Sicht ein paar grandiose Irrtümer einschleichen. Dass nun Pechvogel Midgley nicht nur eines, sondern gleich zwei der folgenreichsten Irrtümer der Wissenschaft überhaupt unterliefen, ist wohl wenig mehr als ein außergewöhnlicher Zufall.

In den 1920er Jahren lief gerade die Fließbandproduktion von Autos an, die dazu führen sollte, dass sich auch normale Bürger diese Art der Fortbewegung leisten konnten. Nur neigten die Motoren dieser Autos zum «Klopfen»: Automotoren basieren darauf, dass der Treibstoff im exakt richtigen Moment zum Zünden gebracht wird. Sobald die Zündung etwas zu spät oder etwas zu früh eintritt, gibt der Motor klopfende Geräusche von sich. Je nach Stärke konnte das zur Midgleys

Zeit die komplette Mechanik zerstören – auf jeden Fall aber führte es dazu, dass der Motor viel schwächer und ineffizienter wurde. Midgley arbeitete 1921, neun Jahre vor seiner Vorstellung von FCKW, an genau diesem Problem. Mit seinem Kollegen, dem Erfinder Charles Kettering, hatte er die Theorie entwickelt, dass es helfen könnte, den Kraftstoff rot zu färben. Sie hatten sich von der Maiblume inspirieren lassen, deren Blätter auf der Rückseite rot sind. Diese Blume hat eine besondere Eigenschaft: Sie ist in der Lage, unter Schnee zu wachsen und zu blühen. Und da sie die Temperaturverteilung im Kraftstoff als Schuldigen in Verdacht hatten, schien ihnen jeder Hinweis, der irgendwas mit Temperatur zu tun hatte, recht. Man kann sich denken, wie verzweifelt die Forscher gewesen sein mussten, um auf derart vage Hinweise zurückzugreifen. Sie benutzten Jod für ihr Experiment, der einzige rote Stoff, der den beiden zur Verfügung stand. Zu ihrer Verwunderung war ihre Materialwahl goldrichtig. Das Klopfen war plötzlich verschwunden. Nur: Die Farbe hatte nichts damit zu tun. Jod führte einfach zu einer sanfteren Zündung des Kraftstoffs. Dadurch war es weniger wichtig, den genau richtigen Zeitpunkt zum Zünden zu treffen. Leider war Jod sehr teuer und schied für eine tatsächliche Verwendung aus, weswegen die beiden nach kurzer Suche einen Stoff mit der gleichen Wirkung fanden: Tetraethylblei. Es funktionierte genauso gut, war aber günstiger zu bekommen. Dieselben Motoren, die vorher klopften, liefen mit dem neuen Kraftstoff plötzlich rund, zuverlässig und viel effizienter. Zur schnellen Verbreitung des Kraftstoffzusatzes trug auch bei, dass der Erste Weltkrieg gerade vorbei war und sich ein leistungsfähiger Kraftstoff als relevanter Vorteil im Kampf herausgestellt hatte.

Es gab nur ein kleines Problem: Blei ist giftig. Äußerst giftig. Es hat unter anderem Auswirkungen auf das zentrale Nervensystem. Findet sich im Blut von Kindern mehr als 500 Millionstel eines Gramms Blei, ist der IQ dieser Kinder statistisch geringer als der des Durchschnitts. Als Midgley FCKW einatmete, waren ihm die Folgen für das Weltklima vermutlich nicht bewusst. Als er sich aber 1924 auf einer Pressekonferenz Tetraethylblei über die Hand goss und die Gase der Substanz eine Minute lang einatmete, muss er gewusst haben, wie sehr er sich damit selbst vergiftete: Nur ein Jahr zuvor hatte er sich wegen einer Bleivergiftung von der Arbeit zurückziehen müssen.

Aber nicht nur die Forscher hatten unter dem Gift zu leiden. Ebenfalls 1924 kam es in der Standard-Oil-Raffinerie in Bayway, New Jersey, zu fünf Todesfällen, alle in kurzer Folge. Alle fünf Arbeiter hatten mit Tetraethylblei zu tun gehabt. Man hatte ihnen versichert, dass es völlig sicher sei. Die Statistik aber spricht eine andere Sprache: Arbeiter begannen, an Gedächtnis- und Koordinationsverlust zu leiden, in feurige Wut auszubrechen, wie im Delirium vor sich hinzureden oder unkontrollierbar zu zucken. Das Produktionsgebäude bekam von der Bevölkerung den Beinamen «Das verrückte Benzin-Gebäude» verpasst. Ende September des Jahres 1924 waren 32 der 49 Arbeiter der Raffinerie im Krankenhaus. Das Blei wurde aber auch von allen Autos, die den Kraftstoff tankten, direkt in die Luft geblasen und lagerte sich auf Pflanzen ab, die Tiere und Menschen aßen. Eine Bleibelastung ließ sich nur durch Tests feststellen, da Blei sowohl geschmack- als auch geruchlos ist.

Liest man heute an der Tankstelle «bleifrei», könnte man meinen, dass das Blei gezielt aus dem Kraftstoff herausgefiltert wurde. Das Gegenteil ist wahr: Das Etikett besagt nur, dass dem Kraftstoff kein Blei künstlich hinzugefügt wurde. Inzwischen gibt es Bleiersatzstoffe, die keine Schwermetallvergiftungen hervorrufen. Aber auch die Motoren mussten weiterentwickelt werden, weil das Blei sie zusätzlich schmierte. Während in den 80er Jahren häufig noch bleifreier und bleihaltiger Kraftstoff nebeneinander an Tankstellen angeboten wurde, ist bleihaltiges Benzin in Deutschland außer für den Flugverkehr seit 1988 komplett verboten, seit 2000 in der gesamten EU. Seitdem ist die Bleibelastung in der Luft und im Blutkreislauf der Bürger nach und nach zurückgegangen. Immer noch gibt es in Deutschland Flächen, auf denen man seine Kinder nicht spielen lassen sollte, aber im Allgemeinen ist man heute keiner Dosis mehr ausgesetzt, die zu Vergiftungen führen kann.

Thomas Midgley war ein Mensch, der gewiss seine Spur in der Welt hinterlassen hat. Wann und in welchem Maß er realisierte, wie giftig sein Bleizusatz war, ist nicht ganz klar. Aber wie im Fall von FCKW war er auch hier zum Zeitpunkt der Erfindung überzeugt, eine gute, hilfreiche Entdeckung gemacht zu haben, die die Menschheit weiterbringen würde. Das Ozonloch und die Vergiftung zahlloser Menschen durch Blei waren mit hoher Wahrscheinlichkeit keine Absicht, aber im Rückblick zeigt sein Beispiel, wie viel Unheil Wissenschaftler anrichten können, selbst wenn sie es gut meinen.

Was aber passiert, wenn Wissenschaftler es nicht mehr gut meinen? Wenn sie sich etwa für Krieg begeistern und anfangen, über Waffen nachzudenken? Das lässt sich nicht nur am Manhattan Project betrachten, in dem über ein Dutzend Physik- und Chemienobelpreisträger die Atombombe erschufen, sondern auch an einer einzigen Person: dem Forscher Fritz Haber.

Im Nachruf auf Haber in der Zeitschrift *Die Naturwissenschaften* 1934 schrieb der Laudator, Nobelpreisträger Max von Laue, dass man sich an Haber vor allem erinnern wird, weil er Brot aus der Luft schuf. Eine große Behauptung, die stimmt. Mit dem Haber-Bosch-Verfahren, das er zusammen mit Carl Bosch entwickelte, lässt sich Ammoniak aus der Luft gewinnen, eine der wichtigsten Zutaten zur Herstellung von Pflanzendünger. Der Prozess brachte Haber den Chemienobelpreis 1918 ein; in Karlsruhe, Köln, Ludwigshafen und vielen anderen Städten gibt es Fritz-Haber-Straßen. Würde die Geschichte hier enden, dann wäre es eine gute Geschichte, die nichts in diesem Kapitel zu suchen hätte. Aber Fritz Haber ist eine viel schwierigere Figur.

Ammoniak lässt sich nämlich nicht nur für Dünger nutzen. Es bildet auch die Grundlage für TNT und Nitroglyzerin. Der schwedische Forscher Alfred Nobel, der Sprengstoff entdeckte und damit reich wurde, war entsetzt, als er sah, dass seine Erfindung zum Töten eingesetzt wurde. In der Folge sponserte er den Nobelpreis von den Einnahmen aus seinem Patent. Fritz Haber ging hingegen einen deutlich anderen Weg. 1912 wurde er der erste Direktor des Vorläufers der Max-Planck-Institute, dem Kaiser-Wilhelm-Institut für Physikalische Chemie und Elektrochemie. Er war ein Wissenschaftler hohen Ranges, und wenn so ein Wissenschaftler neue Waffen für den Ersten Weltkrieg vorschlägt, dann hören Politiker zu. Seine Idee bestand darin, chemische Gase einzusetzen: Giftgase, einfach in die Luft geblasen. Man griff seinen Vorschlag auf, trotz aller Bedenken. Er bereitete den Erstschlag vor und ließ es sich nicht nehmen, die Premiere seiner neuen Idee selbst zu beobachten. Am 22. April 1915 wurden 167 Tonnen Chlorgas eingesetzt – an der Front bei Ypern. Das Gas reagiert heftig mit pflanzlichem und tierischem Gewebe. Bei Menschen tritt der Tod dadurch ein, dass die Lungenbläschen verätzt werden. Selbst geringe Konzentrationen von unter einem Prozent Chlorgas in der Luft können nach ein paar Stunden Einatmen bereits tödlich sein. Da das Gas dichter als Luft ist, sank es in die Schützengräben. Bei diesem ersten Angriff wurden über 4000 Soldaten verletzt. Die Ehefrau von Haber, die Chemikerin Clara Haber, tötete sich am Tag des ersten Angriffes mit Habers Dienstwaffe selbst. Sie sah die Verwendung von Giftgas als Missbrauch der Wissenschaft und als Zeichen des Barbarismus.

Haber war von da an nicht mehr aufzuhalten. Am Kaiser-Wilhelm-Institut startete er mehrere Projekte, um noch effektivere und tödlichere Gase zu entwickeln. Er sorgte dafür, dass die deutsche Armee Phosgen verwendete: Wer es einatmet, erstickt ein paar Stunden später bei vollem Bewusstsein. Er ist auch verantwortlich für die Entwicklung von Senfgas, dessen Wirkung auf der Haut mit starken Verbrennungen oder Verätzungen zu vergleichen ist. Schließlich kombinierte er die Wirkung von zwei Gasen: Zuerst wurde ein Gas freigesetzt, das alles durchdrang und die Soldaten zwang, ihre Gasmasken abzusetzen. Anschließend wurde unmittelbar tödliches Gas freigesetzt. Diese Entwicklung hatte Folgen für den gesamten Kriegsverlauf: Bald schon stellten alle Kriegsteilnehmer Giftgas her. Der Vorteil der deutschen Armee, erkauft durch unglaubliche Brutalität, war also nur von kurzer Dauer.

Umso irritierender muss es gewesen sein, als nach dem Krieg 1919 das Nobelpreiskomitee verkündete, wer die Preise für die Jahre 1914 bis 1919 zugesprochen bekam. Unter den fünf ausgezeichneten Deutschen befand sich Fritz Haber für die Synthese von Ammoniak. In der Laudatio wurde weder die Bedeutung von Ammoniak für die Herstellung von

Sprengstoff noch seine Bedeutung für den Giftgaseinsatz erwähnt. Die Biographie, die im selben Jahr von der Akademie für die Buchreihe *Le Prix Nobel* geschrieben wurde, sagt über Haber, er habe «für die Wissenschaft gelebt, [...] für den Einfluss, den es darauf hat, das menschliche Leben zu formen, die Kultur der Menschen und die Zivilisation». Er sei «vielseitig in seinen Talenten», mit einem «erstaunlichen Wissen der Politik, Geschichte, Ökonomie, Wissenschaft und Industrie» und er hätte «auch in anderen Fachbereichen ähnlich erfolgreich sein können». Selbst zu der Zeit, als er seine Rede bei der Nobelpreis-Zeremonie hielt, war er in die Giftgasforschung involviert. Deutschland hatte im Jahr 1919 ein geheimes Programm zur Weiterentwicklung chemischer Waffen unter Habers Leitung gestartet. Innerhalb dieses Programms entwickelte er sehr wahrscheinlich auch die Grundlage des Giftgases Zyklon B, das von den Nationalsozialisten anschließend zur Vergasung von Millionen Menschen verwendet wurde, darunter einige Mitglieder von Habers eigener Familie.

Seine restliche wissenschaftliche Karriere verlief hervorragend. Bei der sogenannten Machtergreifung der Nationalsozialisten 1933 ließ er sich in den Ruhestand versetzen, weil er jüdischer Abstammung war. Er erhielt einen Ruf nach Cambridge und emigrierte dorthin. Kaum dort angekommen, erhielt er das Angebot, die Leitung des Weizmann-Instituts in Tel Aviv, dem israelischen Äquivalent der Max-Planck-Institute, zu übernehmen. Er machte sich auf die Reise, starb aber auf dem Weg in Basel an Herzversagen.

Die Medizin, Physik, Chemie, Biologie und alle angrenzenden Wissenschaften haben das Leben der Menschheit besser, sicherer und angenehmer gemacht. Forschung kann aber auch unerwartete Konsequenzen haben, die man zum Zeitpunkt der Entdeckung nicht sieht. Dynamit erlaubt, Tunnel, Brücken und Straßen zu bauen, kann aber auch Menschen töten. Ammoniak düngt die Felder dieser Welt, ist aber gleichzeitig Grundlage für Sprengstoff. Atombomben geben dem Menschen ein Mittel in die Hand, die Welt komplett unbewohnbar zu machen. Und wenn Forschung gezielt dazu verwendet wird, große Mengen an Leben möglichst effektiv auszulöschen, wird sie dieses Ziel auch erreichen. Dagegen hilft aber nicht weniger, sondern mehr Naturwissenschaft. Alles in allem geht es nämlich trotzdem bergauf, wenn auch mit gelegentlichen heftigen Rückschlägen. Und dass Erfindungen, die eigentlich gedacht waren, die Welt zu verbessern, für Kriegszwecke eingesetzt werden, ist ein Risiko, das sich nicht umgehen lässt.

8. Runde

Ideen sind dafür da, geklaut zu werden!

★ Die Tragik des Pferdes ohne Gurkensalat ★

Es ist gar nicht leicht, festzustellen, wer eine Idee wirklich als Erster hatte. Wissenschaft basiert immer auf Kooperation, man diskutiert im Kollegenkreis, fragt einen Freund und lässt die Ergebnisse in die eigene Arbeit einfließen. So richtigen Streit gibt es vor allem bei Jahrhundertentdeckungen – eine Zeitlang galt ein Teil der Relativitätstheorie als Entdeckung des deutschen Mathematikers David Hilbert, und Isaac Newton stritt, das haben wir schon gesehen, sowohl mit Robert Hooke als auch mit Gottfried Wilhelm Leibniz um die Urheberschaft von wissenschaftlichen Erkenntnissen. Forscher schlagen sich recht wacker, wenn es darum geht, die Erfindungen anderer als die eigenen auszugeben. Und manchmal kommt zum Forscherruhm auch eine ganze Menge Geld.

AT&T ist eine Telefongesellschaft, die einst weltgrößter Kabelnetzbetreiber der Welt war. Sie erwirtschaftete im Jahr 2013 128 Milliarden Euro. Die Firma entstand als Ableger der

Bell Telephone Company, deren Gründer der schottische Erfinder, Wissenschaftler und Ingenieur Alexander Graham Bell war. Bell wird heute als der Erfinder des Telefons angesehen, was auch zu einem gewissen Teil stimmt – aber es vernachlässigt einen Großteil einer wahnwitzigen Geschichte, in der Elektroschocktherapie, Gurkensalat und ein Schmerzensschrei im genau richtigen Moment vorkommen.

Der eine Teil dieser Geschichte begann recht bescheiden in Hessen bei Philipp Reis, der 1834 als Sohn eines Bäckermeisters geboren wurde. Der technisch begabte Junge hatte kein Geld, um an die Universität zu gehen, und erlernte den Kaufmannsberuf, während er sich autodidaktisch eine Menge technisches Wissen aneignete. Als ihm ein alter Freund eine Stelle als Lehrer anbot, war er sofort Feuer und Flamme. Neben seiner Erwerbsarbeit bastelte und tüftelte er gern – und erfand so unter anderem Rollschlittschuhe, eine Vorform der Inlineskates, und ein Veloziped, eine frühe Form des Fahrrads. Das ist aber nicht die Idee, für die man sich heute an ihn erinnert. Die kam ihm, als er ein Modell des menschlichen Ohres für den Unterricht bauen wollte. Er begann, eine Ohrmuschel aus Holz zu schnitzen. Dabei überkam ihn eine weitere Idee: Warum das ganze Modell nicht elektrisch bauen? An die Innenseite seines Holzohrs brachte er ein Trommelfell an – dies ging nicht ohne Membran. Er entschied sich für Wursthaut, auf die er einen elektrischen Kontakt klebte. Wenn nun jemand in das Ohr sprach, wurde der elektrische Kontakt mehr oder weniger stark auf einen zweiten Kontakt gedrückt. Daraufhin schloss oder öffnete sich der Stromkreis in schneller Folge. Reis verband den Kontakt mit einem Kabel und brachte am anderen Ende eine Nadel an, die je nach Strom hin- und hervibrierte. Der Ton war nur leider etwas leise, was ihn auf die Idee brachte, die Nadel in einen Holzkasten einzubauen, der als Resonanzkörper funktionierte – fertig war das Telefon.

Nur leider war das Gesagte nicht so einfach zu verstehen. Man brauchte Geduld, wenn man das Ohr an den Geigenkasten presste, um zu verstehen, was der Mensch am anderen Ende der Leitung mitteilen wollte. Aber es funktionierte, wie Reis demonstrierte, indem er bei der ersten Präsentation seines Apparats 1861 in Frankfurt einen Satz wählte, der die Wichtigkeit des Moments auf jeden Fall angemessen widerspiegelt: «Das Pferd frisst keinen Gurkensalat.»

Reis führte den Apparat weltweit vor, und wenn man keine Sprache, sondern Musik übertrug, funktionierte er sogar ganz passabel. Nur wofür das Ganze wirklich gut sein sollte, war den Menschen nicht klar. Wobei, eine Ausnahme gab es sehr wahrscheinlich. Als Reis mit seiner Erfindung nach Schottland reiste, saß im Publikum womöglich Alexander Graham Bell, der zu dieser Zeit seinen Vater besuchte. Gesichert ist diese Information allerdings nicht, die Familie Bell widersprach ihr in Gerichtsverhandlungen später ausführlich, sie insistiere darauf, dass Bells Telefon eine komplette Eigenentwicklung gewesen sei. Reis selbst arbeitete weiter an der Perfektion der Technik; eine Fabrik produzierte sogar eine Reihe an Geräten. Einige davon funktionierten, andere übertrugen nur Rauschen. Schließlich starb Reis – ohne für seine Erfindung geehrt worden zu sein – im Alter von nur vierzig Jahren an Tuberkulose.

Noch vor Reis und Bell, bereits im Jahr 1808, wurde eine weitere Hauptfigur dieser Geschichte nahe Florenz geboren: Antonio Meucci. Er war ein äußerst umtriebiger Mensch, schon mit fünfzehn Jahren wurde er als jüngster Student an der Akademie der Schönen Künste in Florenz zugelassen, wo er sich den äußerst schönen Künsten der Chemie und der Mechanik widmete. Nach einigen kleineren Jobs stellte ihn eines der wichtigsten Theater Italiens als Hauptmechaniker ein. Er baute Bühnenbilder, installierte aber auch ein langes Rohr mit Sprechtrichtern an den Enden, sodass er den Helfern Befehle geben konnte, um Szenerie oder Licht zu wechseln, während er selbst hinter der Bühne blieb. Damit war eine Sprachübertragung zwischen zwei getrennten Orten möglich, auch wenn die Bezeichnung Telefon vermutlich etwas hochtrabend gewesen wäre.

Weil Meucci mit den Revolutionären sympathisierte, die Italien befreien wollten, wanderte er einige Monate hinter Gitter und wurde im Anschluss ausführlich überwacht. Deswegen war er froh, als der berühmte Theaterimpresario Don Francisco Martì y Torrens mit einer Mission nach Florenz reiste: Er wollte die italienische Oper, die in der ganzen Welt berühmt war, nach Havanna holen, und Meucci sollte Chefmechaniker werden. 1835 packte er sein Hab und Gut und begab sich per Schiff nach Kuba. Die Entscheidung war eine hervorragende Wahl, wie sich herausstellen sollte. Er bekam nicht nur ein gutes Gehalt, sondern konnte sich nebenher noch eine Menge hinzuverdienen. Im Anbau des Theaters, in dem er arbeitete, betrieb er eine kleine Werkstatt, in der er Schwerter, Helme und andere Militärwaren galvanisierte, sie also mit Schichten eines gewünschten Metalls überzog (meist Silber oder Gold). Er werkelte, baute und forschte ohne Rücksicht auf Fachgrenzen. Geradezu elektrisiert war er, als ihn die Nachricht erreichte, dass man in Europa Krankheiten mit Elektroschocks heilen könne. Das war ein neues Feld, auf dem er Forschung betreiben konnte! Eine Menge Batterien besaß er schon, das

Einzige, was ihm fehlte, waren Patienten. «Ich habe einige Zeit damit verbracht, einigen meiner farbigen Angestellten elektrische Schocks zu verabreichen, und manchmal auch meiner Ehefrau», sagte er in einem Gerichtsverfahren gegen die Bell Telephone Company. Dabei stand er allerdings nicht nur daneben und schaute zu. Das alte Europa hatte nämlich noch eine zweite Theorie entwickelt, die zwar Quatsch war, aber auf sehr verquere Weise trotzdem zur Erfindung des Telefons beitragen sollte: Ein Arzt, so die Annahme, könne den Ort und die Schwere der Erkrankung erfühlen, wenn er selbst ein Teil des Stromkreises sei. Meucci schockte sich daraufhin exakt genauso stark wie seine «Versuchskaninchen».

Der Tag, an dem Meucci das Telefon erfand, war der, an dem ihn ein besonders schwerer Fall besuchte. Es stand schlimm um den Patienten, da war Meucci sich sicher. Alle seine Batterien mussten gleichzeitig in Serie geschaltet werden, um die kompletten 114 Volt herauszuholen. Er bat den Mann, den Mund zu öffnen, denn einer der Kontakte war eine Kupferspule, die den Schock direkt auf die Zunge leiten sollte. Die Vorbereitungen waren abgeschlossen, Meucci begab sich zwei Räume weiter, wo die Batterien standen, nahm einen elektrischen Kontakt in die eine Hand und schloss mit einem dünnen Kupferplättchen in der anderen Hand den Stromkreis. Der Patient schrie vor Schmerz laut auf. Das war erwartbar gewesen, etwas anderes irritierte Meucci aber. Ihm schien es, als hätte er den Schmerzensschrei viel lauter gehört als eigentlich möglich. Der Patient saß schließlich zwei Zimmer entfernt!

Meucci hatte nicht nur ein medizinisches Folterinstrument gebaut. Man konnte diese Apparatur auch, rein zufällig und überhaupt nicht gewollt, als primitives Telefon nutzen. Die Kupferspule im Mund des Patienten schwang mit dem

Schall hin und her und bildete so ein Mikrophon. Das Kupferplättchen, mit dem Meucci den Stromkreis schloss, agierte als Lautsprecher, der aber nur funktionierte, weil Meucci das Plättchen nahe am Ohr hatte und die Spannung so hoch war.

Beseelt von seiner Erfindung entschied sich Meucci, nach Auslaufen seines Vertrages in Havanna nach Amerika auszuwandern. Dort wollte er seine Erfindung weiterentwickeln und Investoren finden. Bell war zu diesem Zeitpunkt noch keine Konkurrenz, da er gerade mal zwei Jahre alt war. Viel problematischer war, dass Meucci noch kein Wort Englisch sprach. Als seine Frau an Arthritis erkrankte und ihr Schlafzimmer nicht mehr verlassen konnte, probierte er sein System aus und baute Telefonverbindungen zwischen ihrem Schlafzimmer und verschiedenen anderen Stellen im Haus, um mit ihr von überall reden zu können. 1860, Bell war mittlerweile zwölf Jahre alt, veröffentlichte Meucci seine Ergebnisse in einer italienischen Zeitung in New York. Von nun an stand sein Leben allerdings unter einem unglücklichen Stern. Seine Erfindung wurde nicht wahrgenommen, weil Meucci seine Erkenntnisse nicht auf Englisch veröffentlicht hatte.

So konnte Alexander Graham Bell, der in Schottland geborene Erfinder, 1876 ein Patent auf das Telefon einreichen. Seine ganze Familie hatte sich schon einen Namen gemacht mit Arbeiten zu Sprache und Rhetorik, womöglich motiviert durch mehrere gehörlose Familienmitglieder. Auch sein Apparat war aus Fehlern und Zufällen entstanden, aber funktionierte für eine verständliche Übertragung von Sprache.

Und ohne Frage war Bell ein genialer Erfinder, außergewöhnlich begabt. Aber spätestens ab kurz vor der Abgabe seines Patents wird der Verlauf der Geschichte unklar. Es gibt eine Menge Darstellungen, die sich widersprechen, von Büchern bis hin zu Regierungserklärungen. Am 11. Juni 2002 verabschiedete das amerikanische *House of Congress* einen Beschluss, der Meucci ehrte und besagt, dass Bell kein Patent hätte anmelden können, wenn Meucci nicht komplett verarmt gewesen wäre. Denn Meucci hatte nicht mal zehn Dollar, um seinen Vorantrag auf sein Patent zu verlängern. Das kanadische Parlament stimmte einem Antrag nur zehn Tage später einstimmig zu, Alexander Graham Bell als den einzigen Erfinder des Telefons zu sehen.

Sicher ist: Am selben Tag, an dem Bell sein Patent für das Telefon einreichte, reichte Elisha Gray, ein weiterer Erfinder, einen Patentvorantrag für seine Version des Telefons ein. Es folgten ausführliche Gerichtsstreite, die bestimmen sollten, wer die Erfindung als Erster gemacht hatte. Aus den zahlreichen Verhandlungen ging stets Bell als der einzige Sieger hervor. Und es ist überhaupt nicht umstritten, dass er seine Version des Telefons zur Marktreife brachte. Nur sprach er nicht den ersten Satz durch ein Telefon, und sein erster Satz war auch deutlich uncharmanter: Er befahl seinem Assistenten lediglich, zu ihm rüberzukommen. Mit der kompletten Erfindung des Geräts kann er sich daher nicht schmücken. Er war aber der Einzige, der von ihr finanziell profitierte, und diese Differenz, diese paar Milliarden pro Jahr, die machen so einen Ideenklau – und sei er noch so klein – doch durchaus relevant. Ein ziemlicher Dampfhammer, diese Begebenheit.

Aber die Wissenschaftsgeschichte hat auch Serien kleiner Schläge zu bieten. Sehr häufig werden Erfindungen nicht dem tatsächlichen Urheber zugesprochen. 1980 ging ein Professor für Statistik an der Universität Chicago sogar so weit, zu sagen, dass keine einzige wissenschaftliche Entdeckung überhaupt nach ihrem wahren ersten Entdecker benannt sei. Dieses Gesetz, genannt Stiglers Gesetz, war zugleich sein erstes Beispiel dafür. Der Soziologe Robert Merton wäre eigentlich der wahre Urheber gewesen, sagte Stigler, er selbst habe es lediglich populär gemacht. Um dem akademischen Witz noch eine weitere Drehung zu geben, publizierte der amerikanische Kognitionswissenschaftler Donald Norman eine nur leicht abgeänderte Version derselben Erkenntnis. Seitdem findet man die Formel auch unter der Bezeichnung «Norman'sches Gesetz».

Beispiele wie dieses finden sich viele. Das fängt schon beim Satz des Pythagoras an, der bereits babylonischen Mathematikern bekannt war. Wie viel Pythagoras mit der Formel wirklich zu tun hatte, ist nicht gesichert. Forschungsbeiträge von Frauen wurden in der Öffentlichkeit des Öfteren einfach ignoriert oder Männern zugerechnet. Die Physikerin Lise Meitner war die zweite Studentin, die die Universität Wien überhaupt zuließ. Sie musste aber wie Emmy Noether jeden Professor um Erlaubnis fragen, um bei einer Vorlesung überhaupt im Saal sein zu dürfen, und erhielt erst mit 35 Jahren eine feste und bezahlte Stelle. Ihre einflussreichsten Entdeckungen sind zum einen der sogenannte Auger-Effekt, der ein Jahr nach ihrer Entdeckung vom französischen Physiker Pierre Victor Auger ein zweites Mal entdeckt wurde, und die Entdeckung der Kernspaltung zusammen mit Otto Hahn und Otto Frisch. Diese Entdeckung war die Grundlage für Atomkraftwerke und die Atombombe – Meitner bekam dafür auch einige Preise. Den Nobelpreis aber erhielten 1944 nur Frisch und Hahn, Lise Meitner ging leer aus. Wie Aufzeichnungen zeigen, hatte das auch mit Fachignoranz und nationalen Vorbehalten in Kriegszeiten zu tun; alles in allem wird die Entscheidung, Meitner nicht zu honorieren, als eine Fehlentscheidung angesehen.

Auch die logischste aller Wissenschaften, die Mathematik, trägt zur naturwissenschaftlichen Dominanz in dieser Runde bei. Beispiel: das Cramer-Paradox. Es wurde zuerst von Colin Maclaurin 1720 entdeckt, dann 28 Jahre später von Leonhard Euler, aber von ihm für zwei Jahre nicht veröffentlicht, weil er so produktiv war, dass sein Drucker nicht nachkam. Gabriel Cramer, nach dem die Regel benannt wurde, veröffentlichte sie wiederum zwei Jahre später im Jahre 1750 mit eindeutigem Hinweis auf die erste Entdeckung von Maclaurin – was nichts daran änderte, dass das Paradox nach ihm benannt wurde. Man könnte Maclaurin ja bemitleiden, dass eine seiner Entdeckungen nicht nach ihm, sondern einem anderen Mathematiker benannt ist. Allerdings ist sein Name in der sogenannten Maclaurin-Reihe verewigt, eine Reihe, von der er selbst nie behauptete, sie entdeckt zu haben.

Und wer darf auch nicht fehlen, wenn es um geklaute Ideen geht? Thomas Alva Edison! (Unser Terrier, der sich ja schon in der Runde um die größten Umbrüche verdient gemacht hat.) Wer glaubt, Edison mache nun schlapp, der irrt gewaltig. Das Vehikel seines Erfolgs, die Glühbirne, ist auch gleichzeitig der Zankapfel, wenn es um Ideendiebstahl geht. Einige unangenehme Artikel beziehen sich – was Edisons Verhältnis zur Entwicklung der Glühbirne angeht – unter anderem auf Nazi-Propaganda. Die besagt, dass der in die USA ausgewanderte deutsche Erfinder Heinrich Göbel der wahre Erfinder der Glühbirne gewesen sei. Das stimmt nicht, aber wie beim Telefon ist Edison bei weitem nicht der einzige Erfinder.

Die ersten Glühbirnen wurden schon 1800 gebaut, hielten aber nur sehr kurze Zeit und waren nicht besonders hell. Edison, aber auch der britische Physiker und Chemiker Joseph Swan nahmen sich vor, das zu ändern, wobei Swan schneller war und begann, seine Lampen zu verkaufen. Edison reichte Klage ein, weil er das Patent besaß, und gleichzeitig lancierte er eine Marketingkampagne, die ihn als den wahren Erfinder der Glühbirne darstellen sollte. Als Edisons Anwälten aber klarwurde, dass Swan funktionierende Glühlampen vorweisen konnte, die älter waren als die von Edison, änderten sie die Verhandlungsstrategie. Am Ende stand eine Fusion – die *Edison & Swan United Electric Light Company* –, die Birnen wurden im Anschluss fast vollständig nach Swans Entwurf hergestellt.

Die Geschichte der Forschung ist also unordentlich und voller Unklarheiten – und nur, weil eine Formel einen bestimmten Namen trägt, heißt das noch lange nicht, dass diese Person auch tatsächlich alleiniger Urheber des Gedankens war. Dass viele Bücher für Kinder heute noch die Erfindung des Telefons oder der Glühbirne dem falschen Erfinder zusprechen, ist faszinierend und das Resultat eines unglaublich erfolgreichen Ideenklaus: einer Spezialdisziplin findiger Naturwissenschaftler.

➤ Copyright kann Leben retten ➤

Eigentum gibt es schon länger. Bereits in der Steinzeit gab es was auf die Rübe, wenn ein anderer die eigene Keule oder das erlegte Mammut anrührte. Da war die Sache noch eindeutig: Materielles Eigentum kann man sehen. Mein Mammut, von mir erlegt, in meiner Höhle, also meins. Aber was ist mit etwas deutlich weniger Greifbarem? Mit dem, was in den Köpfen der Menschen umherschwirrt: den Gedanken?

Gedanken können zu Ideen führen – und da haben wir das

Problem. Wer hatte sie zuerst? Und wenn zwei dieselbe Idee haben, wem gehört sie dann? Das ist es doch, worum es eigentlich geht beim Ideenklau: um die Idee selbst, nicht um die Frage, wer wem welche Idee geklaut hat. Ja, der eine mopst dem anderen eine Idee, und schwups hat die Glühbirne jemand anderes erfunden. In den Naturwissenschaften ist Ideenklau bei großen Entdeckungen besonders schmerzhaft fürs Ego, denn häufig wird das entdeckte Partikel oder Gesetz ja sogar nach dem Entdecker benannt. Aber ohne die Geisteswissenschaften hätte sich die Idee des Ideenklaus an sich gar nicht entwickelt. In der Wissenschaftsgeschichte finden wir die Grundlage von dem, was wir heute Copyright nennen. Wie kam es überhaupt zu der Auffassung, dass es so etwas wie Ideenklau gibt? Das Urheberrecht ist ein wertvolles und geschütztes Gut – nicht umsonst messen Nachwuchswissenschaftler ihren Wert auch daran, wie oft die eigenen Texte von anderen zitiert werden. Denn es war nicht immer so, dass man sich auf Copyright berufen konnte, wenn ein anderer die eigene geistige Leistung stahl. Plagiat – ein Wort, das in den Medien in den letzten Jahren oft auftauchte. Ein Spitzenpolitiker nach dem anderen hatte, so der allgemeine Eindruck, bei der Doktorarbeit gepfuscht. Einige Politiker stolperten, andere überstanden ihre persönliche Plagiatsaffäre ohne größere Blessuren.

Im alten Rom hätte es darüber überhaupt keine Diskussion gegeben. Ob plagiiert oder nicht, die Politiker hätten munter weiter am Rednerpult stehen können. Die alten Römer kannten kein Copyright, vielleicht auch, weil Autoren damals mit ihrem Geschreibsel kein Geld verdienten. Viel mehr noch, Abschreiben war an der Tagesordnung unter den großen Philosophen der antiken Welt. Wer den Teil eines Textes einer anderen Größe übernahm, drückte so seine Wertschätzung für dessen

Arbeit aus. Diesem ganz anderen Verständnis von geistigem Eigentum haben wir es heute auch zu verdanken, dass einige Texte nicht verloren gegangen sind, wie zum Beispiel die Weltgeschichte des Pompeius Trogus, die nur im Auszug des Justin (lat. geschrieben: Iustin) existiert. Schon so mancher Erstsemestler ist vor dem Bücherregal verzweifelt, weil das Werk nicht unter den Initialen «P» und «T» zu finden ist, sondern eben unter «I».

Kopieren lassen sich natürlich nicht nur Texte. Im Mittelalter hatte der Käufer einer billigen Kopie eines vermeintlichen «Markenartikels» allerdings unter Umständen mit schwerwiegenderen Folgen zu rechnen als jemand, der heute eine gefälschte Gucci-Sonnenbrille kauft (gut, in die Sonne sollte man mit den Dingern auch nicht schauen). Heute sind bestimmte Markenklamotten der letzte Schrei, im Frühmittelalter hatte man dafür nicht wirklich Verwendung.

Das Must-have der Wikinger war eine Hightech-Waffe: ein Schwert. Hergestellt wurde es vermutlich zwischen 800 und 1000 n. Chr. Das Schwert wurde einhändig geführt, die andere Hand hielt den Schild. Zweihändig geführte Schwerter tauchten erst im Hochmittelalter auf, als die Plattenrüstung das Kettenhemd ablöste: Der bessere Schutz des Körpers machte einen Schild überflüssig. Man erkannte das begehrte Schwert an seinem in die Klinge gravierten «Markennamen» Ulfberht – ein Qualitätsmerkmal quasi. Wahrscheinlich bezeichnete der Name Ulfberht die Werkstatt oder den Schmied der Waffe. Schwerter waren teuer, weshalb viele Wikinger mit Äxten oder Speeren kämpften. Ein Schwert an sich war also schon etwas Besonderes, ein Ulfberht-Schwert hingegen purer Luxus. Das lag nicht zuletzt daran, dass es trotz seiner Wucht vergleichsweise leicht zu schwingen war. Denn im Gegensatz zu anderen zeitgenössischen Schwertern besaß es einen Kern aus Eisen. Dadurch war es deutlich schwerer, stabiler und tödlicher als andere Waffen, bei denen lediglich die Klingen aus Stahl bestanden. Anders, als wir es aus den meisten Historienfilmen kennen, kreuzten Wikinger im Zweikampf nicht permanent die Klingen. Man schlug eher auf den Schild seines Gegners ein und versuchte so, dessen Deckung zu durchbrechen. Daher kam es einem Todesurteil gleich, wenn das eigene Schwert im gegnerischen Schild stecken blieb oder sogar zerbrach.

Wer genau die Schwerter hergestellt hat und vor allem wo, ist nicht exakt zu bestimmen. Neben den über Europa verstreuten Fundorten ist der fränkische Name «Ulfberht» ein Hinweis. Die Fundorte müssen aber nicht automatisch bedeuten, dass die Schwerter auch dort hergestellt wurden. In Nordeuropa beerdigte man nämlich noch nach vorchristlicher Sitte tote Krieger zusammen mit ihren Schwertern. Auch die Frage nach dem Ursprung des Materials, aus dem die Schwerter hergestellt wurden, teilt die Forschergemeinde. Die einen sagen, es stamme von Raubzügen der Wikinger aus dem Orient, aus dem Iran oder Afghanistan, andere halten ein fränkisches Kloster für wahrscheinlicher. Nach dem 11. Jahrhundert produzierte Schwerter waren allerdings nicht mehr aus Tiegelstahl, was die Orient-Theorie wiederum unterfüttert: Die Russen machten zu dieser Zeit nämlich die Handelswege nach Osten dicht, Tiegelstahl gelangte auf diesem Weg nicht mehr nach Europa. Eine an der Universität Hannover untersuchte Ulfberht-Klinge weist einen hohen Mangangehalt auf und kann daher nicht aus dem Orient stammen, da der Boden dort weniger manganhaltig ist als beispielsweise im heutigen Deutschland. Die Herkunft der sagenumwobenen Schwerter ist also nach wie vor nicht eindeutig geklärt.

Wer oder was Ulfberht war – Mönch, Abt, Bischof, Kloster, Werkstatt oder Meisterschmied –, werden wir wohl nie erfahren. Aber die Anzahl von aufgefundenen gefälschten Ulfberht-Schwertern zeigt, dass so mancher Wikinger in der Schlacht eine böse Überraschung erlebt haben dürfte. Ein echtes Ulfberht-Schwert war aufgrund seines Materials beinahe unzerstörbar und besaß eine immer scharfe Klinge – Schleifen überflüssig. Mit den Fälschungen stand man mitten im Schlachtgetümmel mit einer abgestumpften Klinge plötzlich ziemlich dumm da. Wer sein Schwert trotzdem schliff, stieß bei den Fakes schnell auf den weichen Kern – und zerstörte sein Schwert auf diese Weise. Getäuschte Wikinger zahlten also tatsächlich einen sehr hohen Preis für die teure Fälschung: Am Ende stand oft auch ihr Leben mit auf der Rechnung. Wer heute unwissentlich eine falsche Rolex oder Louis-Vuitton-Tasche kauft, ist zwar auch angeschmiert und hat für ein minderwertiges Produkt viel zu viel bezahlt – aber hat immerhin noch seinen Kopf.

Das Mittelalter kannte wie die Antike kein Plagiat in dem Sinne, wie wir es heute verstehen. Aber Fälschungen gab es auch damals. Der Unterschied zwischen einer Fälschung und einem Plagiat liegt nicht in der Absicht, denn täuschen wollen ja beide, sondern in der Angabe der Autorenschaft: Der Plagiator gibt das Werk eines anderen als sein eigenes aus, der Fälscher dupliziert das Werk eines anderen und schreibt dessen Namen darunter. Trotzdem kann eine Kopie auch zu einer Fälschung werden – wenn wir sie heute zum Beispiel für ein Original halten. Dagegen handelt es sich bei den «Hitler-Tagebüchern», die unter anderem von Hugh Trevor-Roper, einer britischen Historikerlegende, für echt befunden worden waren, um bewusst hergestellte Fälschungen – diesmal war der Text neu, wurde aber als von Hitler selbst geschrieben ausgegeben. Das Ganze kam raus, wurde zum Skandal und zur ultimativen Peinlichkeit für die Historiker, die sich für die Echtheit der Tagebücher verbürgt hatten.

Der englische Dichter John Milton empörte sich hingegen darüber, dass der am Ende des englischen Bürgerkriegs frisch geköpfte König Karl I. in seiner 1649 erschienenen angeblichen Autobiographie *Eikon Basilike* teilweise aus der Bibel abgeschrieben habe. Der Vorwurf änderte allerdings nichts an dem Erfolg des Bestsellers, der wohl noch am Tag der Hinrichtung erschien, denn es waren gerade die bewusst gesetzten Parallelen zu Bibelstellen, die so gut bei der Leserschaft ankamen. Karl erschien so in einer Reihe mit Jesus und den Königen David und Salomon. Das Ganze war übrigens derart von Erfolg gekrönt, dass der zuvor verhasste Monarch später heiliggesprochen wurde – das ist Spin-Doctoring, von dem sich selbst Olivia Pope aus *Scandal* noch was abgucken könnte!

Miltons zweiter Kritikpunkt am *Eikon* war, dass Karl das Buch seiner Meinung nach gar nicht selbst geschrieben hatte. Später stellte sich heraus, dass er damit wohl richtiglag. Bischof John Gauden bekannte sich dazu, den Text unter angeblicher Hinzunahme von Briefen und anderen Schriftstücken des Königs verfasst zu haben. Fälschungen als Propagandainstrument – sehr beliebt und mitunter auch sehr effektiv.

Um einen weiteren Fall einer elaborierten Fälschung von Autorenschaft in Augenschein zu nehmen, bleiben wir in England, springen aber ins Jahr 1761. Da erschien eine Sammlung epischer Gedichte, verfasst von dem geheimnisvollen Ossian, angeblich aus dem dritten Jahrhundert n. Chr. stammend, herausgegeben von James Macpherson. Von der Echtheit der dramatischen Verse über den Helden Fingal waren nicht nur normale Leser, sondern auch Literaturgrößen wie Goethe und Johann Gottfried Herder überzeugt. Die Dichtung wurde mit dem Werk Homers verglichen und begeisterte Schottland-Enthusiasten und Kelten-Fans wie auch die Stars der Literaturszene. Es gab aber von Anfang an Zweifler – deren Verdacht sehr wahrscheinlich auch begründet war.

Im dritten Jahrhundert gab es in Schottland noch keine Schriftlichkeit, vielmehr wurden Gedichte und Geschichten mündlich überliefert. Fans sahen in Ossian einen Druiden oder Barden – was allerdings ein Problem darstellt, denn laut einer Beschreibung gallischer Druiden von Julius Cäsar war es diesen nicht erlaubt, Gedichte zu verschriftlichen; wenn überhaupt, dann nur auf Griechisch und nur zum privaten Gebrauch (allerdings sind Cäsars Worte hier mit Vorsicht zu genießen, weil sie sich nicht auf Schottland beziehen, sondern auf gallische Druiden und deswegen nicht unbedingt übertragbar sind).

Macpherson veröffentlichte 1762 eine Abhandlung über Ossians Werk *Fingal* und erklärte darin, Ossian hätte nicht schreiben können, aber die gälische Grammatik sei so eng ineinander verwoben gewesen, dass es ganz unmöglich gewesen sei, die Verse der auswendig gelernten Lieder oder Gedichte zu vergessen. Eine ziemlich dünne Erklärung, und doch gab es viele, die ihm glaubten. Vielleicht wollten sie auch einfach glauben, dass es Ossian wirklich gegeben hatte. Die Verse von Macphersons angeblichem Barden erzählen von verwunschenen Landschaften, Helden und Mördern, tragischen Verwicklungen und großen Gefühlen. Damit traf Macpherson den Zeitgeist – Schottland und eine gewisse Verklärung des Gälischen waren gerade in Mode. Macpherson hat unter Umständen nicht alles selbst geschrieben – es gibt zumindest die

Theorie, dass sich Fragmente bereits in älteren Manuskripten finden lassen.

Ob wahr oder nicht – mit den Versen des Ossian hat Macpherson auch literarische Stars wie Robert Burns und Sir Walter Scott beeinflusst und inspiriert. Sie hinterließen der Nachwelt Elegisches, das zum Träumen anregt. Vielleicht gar nicht so übel, selbst wenn es wirklich eine Fälschung war.

Normalerweise sind Schriftsteller ja heutzutage wie alle Künstler darauf bedacht, dass niemand ihre Arbeit unerlaubt kopiert und als die eigene ausgibt. Manch einer sah das Ganze aber durchaus weniger eng, wenn es ihn im eigenen Schaffen unterstützte: Einer der bekanntesten Abschreiber der letzten 100 Jahre war Bertolt Brecht. In seiner *Dreigroschenoper* hat er Verse des französischen Dichters François Villon übernommen und integriert, ohne sie als solche kenntlich zu machen oder ihren deutschen Übersetzer zu erwähnen. Als Antwort auf den Aufruhr, den seine Schummelei verursachte, verfasste Brecht das Sonett *Laxheit im Umgang mit geistigem Eigentum*, dessen letzte Verse seine lässige Haltung gegenüber dem Urheberrecht zeigen, wenn es um andere ging: «Nehm jeder sich heraus was er grad braucht! Ich selber hab mir was herausgenommen …»

Zum Abschreiben gehört ohnehin eine gewisse Dreistigkeit, vor allem, wenn es sich um einen Text handelt, der veröffentlicht wird. Aber damit hatte Brecht, dem ein gewaltiges Ego nachgesagt wird, noch nie ein Problem: «Ich wünsche alle Dinge mir ausgehändigt sowie die Gewalt über die Tiere, und ich begründe meine Forderung damit, dass ich nur einmal vorhanden bin.» Gegen so viel Wucht, vorgetragen im Ton inbrünstiger Überzeugung, käme wohl auch der umtriebige Edison nicht an.

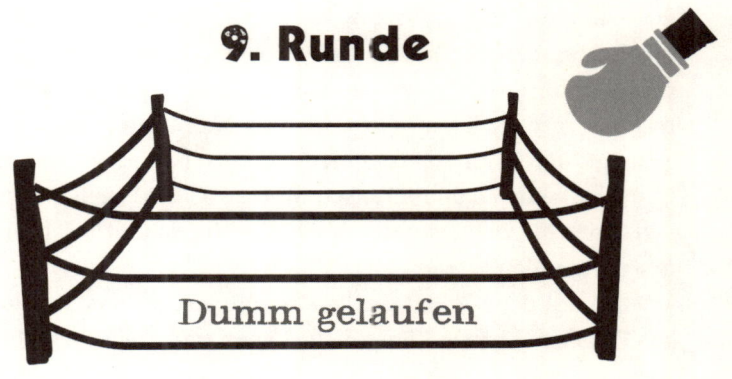

9. Runde

Dumm gelaufen

Oops, I did it
➤ (not again … denn es wird wohl ➤
kein zweites Mal geben)

Es gibt Momente, da steht viel auf dem Spiel. Situationen, in denen volle Konzentration gefordert und kluges Handeln ratsam ist. So wie jetzt – die Luft in der Boxhalle scheint zu vibrieren, die Gefühle sind hochgepeitscht, die Stimmung aufgeheizt. Fans werden nervös, Trainer und Kontrahenten versuchen, sich eventuelles Nervenflattern nicht anmerken zu lassen. Adrenalin bringt den Tunnelblick: Jetzt geht's ums Ganze, in die letzten Runden, die Entscheidung ist zum Greifen nah.

Aber: Menschen sind nun mal keine Roboter, nicht immer klappt alles perfekt. Menschen machen Fehler. Das endet im glimpflichsten Fall in einer verdammt peinlichen Situation oder führt im schlimmsten Fall zur Katastrophe. Im Sport bleibt es im Worst-Case-Szenario meist bei einer bitteren Niederlage oder einer fiesen Verletzung. Das ist keine Disziplin, in der man unbedingt glänzen will – aber es ist nun mal nicht alles eitel Sonnenschein, und wer will schon die ganze Zeit glorreiche Erfolgsgeschichten lesen? Eben. Aber es geht auch eine Nummer größer. Wenn ein Chemiker Säure mit dem Mund ansaugt, weil er zu faul ist, eine Pipette zu benutzen, und das Ganze mit einem Luftröhrenschnitt (zum Glück) noch glimpflich endet, betrifft das außer ihn und sein direktes Umfeld erst mal niemanden.

Aber auf dem Gebiet der Politik können Fehlentscheidungen Folgen für ganze Königreiche haben und Menschenleben kosten – dramatischer als ein verschossener Elfmeter oder ein falsch gegebenes Foul. Und mit der Erforschung dieser Fehlentscheidungen kennen Geisteswissenschaftler sich aus. Ich schicke nun ein paar Fälle in den Ring, die vielleicht nicht immer gleich einen Knockout herbeigeführt haben, aber den Betroffenen blieb sicher zumindest kurz die Luft weg. In dieser Runde muss man mit allem rechnen.

Harald Godwinson, dem letzten angelsächsischen König Englands, war nur eine kurze Regentschaft vergönnt. Er wurde im Jahr 1066 zum König gewählt. Nicht gerade der unkompliziertetste Job zu dieser Zeit, denn es drohten Angriffe aus allen Richtungen. Im Süden stand Wilhelm II., der Herzog der Normandie, der Anspruch auf den englischen Thron erhob, schon in den Startlöchern, aus dem Norden drohte Gefahr durch die immer wieder einfallenden Norweger. So geschah es auch im Sommer 1066 unter dem norwegischen König Harald Hardrada. Norwegische Schiffe landeten an der englischen Küste, und Harald zog nach Norden, wo es am 25. September bei Stamford Bridge zur entscheidenden Schlacht kam. Harald Godwinson und die Engländer siegten,

Hardrada fiel. Moment, das ist aber nicht die Schlacht, die man in Verbindung mit 1066 aus der Schule kennt, oder? Richtig. Aber Stamford Bridge ist ein wichtiger Faktor, der schließlich zum Endergebnis der legendären Schlacht von Hastings führte, die das Ende der angelsächsischen Herrschaft in England markierte. Denn Harald und seine Angelsachsen waren in Stamford Bridge zwar siegreich, aber sie befanden sich noch weit im Norden des Reichs, in Yorkshire.

Als Harald nur drei Tage nach der Schlacht die Nachricht einer sich aus dem Süden nähernden Flotte erreichte, musste er eine Entscheidung treffen. Wilhelm II. war in Pevensey Bay gelandet – und Haralds Armee war viel zu weit weg. Nachdem Harald mit seinen Soldaten schon einen Gewaltmarsch nach Stamford Bridge hingelegt und so die Norweger erfolgreich überrascht hatte, erschien ihm dieses Vorgehen erneut als das richtige. Harald entschied sich im Nachhinein falsch – und doch hätte er wohl kaum eine andere Wahl gehabt. Zu Fuß ging es also mit größtmöglicher Geschwindigkeit in Richtung Süden – eine gewaltige Belastung für die Männer, die ihre Kraft später im Schildwall brauchen würden. Der Schildwall war die klassische Kampftechnik der Angelsachsen, die nach allem, was wir wissen, fast immer zu Fuß kämpften. Die Kämpfer standen im Schildwall dicht nebeneinander, sodass die Schilde quasi eine Wand bildeten und so mehr Schutz gegen gegnerische Pfeile, Äxte, Speere und Schwerter boten. Der Nachteil dieser Technik war, dass der Kampf, sobald der Schildwall durchbrochen war, meist verloren war. Gab es denn keine Pferde?, mag sich der ein oder andere jetzt fragen. Harald hatte jedenfalls keine dabei. Dafür gibt es zwei mögliche Gründe. Erstens ist nicht ganz klar, ob die Angelsachsen Pferde überhaupt im Kampf einsetzten. Einen Schildwall kann man nur bilden, wenn man mit beiden Beinen auf dem Boden steht, das geht nicht von einem Pferderücken aus. Außerdem hatte Harald vielleicht einfach nicht damit gerechnet, dass sein Gegner mit Kavallerieeinheiten anrücken würde. Warum? Weil es schwierig war, Pferde zu verschiffen. Noch dazu hatte man das in Nordeuropa noch nie mit einer wirklich relevanten Zahl an Pferden gemacht, mal von ein paar Wikinger-Ponys abgesehen. Wilhelm landete im September mit 2000 bis 3000 Pferden an der englischen Küste – und zwar nicht mit Ponys, sondern kampferprobten Schlachtrössern.

Nun trafen also drei Wochen später Haralds Angelsachsen, ermüdet vom Kämpfen und Marschieren, teilweise ohne nächtliche Rast, auf Wilhelms Männer, die nur die Überfahrt hinter sich hatten, sonst aber ausgeruht waren. Letztere setzten auf Wilhelms Strategie, den Schildwall der Angelsachsen mit ihren Pferden zu durchbrechen. Aber wenn der Pferdetransport in solchen Massen bisher nicht bekannt war, woher hatten die Normannen dann das entsprechende Wissen darüber? Von den nach Sizilien ausgewanderten Normannen, die sich dort das Wissen des Orients und von Byzanz angeeignet hatten – in diesen Weltgegenden wusste man, wie das funktioniert. Kulturaustausch also – und ein Beispiel dafür, wie weit verzweigt Geschichte sein kann.

Allerdings war die Schlacht damit noch nicht gewonnen. Wilhelm ließ seine Kavallerie ganze drei Mal gegen den angelsächsischen Schildwall anrennen, der auf Anhöhen platziert war. Erst beim dritten Versuch durchbrachen seine Reiter die englischen Reihen dank der normannischen Bogenschützen, die gleichzeitig Pfeile auf Haralds Männer niederregnen ließen. Es war also nicht ausschließlich die normannische Kavallerie, die die Schlacht von Hastings gewann und damit das

Land eroberte, aber sie spielte eine zentrale Rolle für den Sieg der Normannen. Und das Gefühl, das Harald Godwinson gehabt haben muss, als er mit seiner Armee Hastings erreichte und die normannische Kavallerie sah, haben wir wohl alle schon mal erlebt, wenn auch vermutlich nicht in diesem Ausmaß: Oh, verdammt. Es muss ihm heiß und kalt geworden sein, als er erkannte, dass er nun entschieden im Nachteil war. Für Godwinson endete der Kampf tödlich: Er fiel auf dem Schlachtfeld, und sein Land ging an Wilhelm über, der fortan Wilhelm der Eroberer genannt wurde.

Nicht ganz so extrem, aber doch genauso tödlich wie für Harald Godwinson endete ein Kampf für John Sedgwick, einen General der Unionsarmee im Amerikanischen Bürgerkrieg (1861–65). Harald Godwinson hatte seinen Gegner unterschätzt, allerdings auf einem ganz anderen Feld – Sedgwick leistete sich einen Schnitzer, der einem Soldaten eigentlich nicht passieren dürfte. In der Schlacht bei Spotsylvania Court House in Virginia 1864 gerieten Sedgwicks Männer ins Visier der Feinde. Einer der Unionisten warf sich zu Boden, um einer Kugel auszuweichen. Sedgwick sah schlicht keine Gefahr in diesem Gewehrfeuer und rügte den Soldaten dafür, sich geduckt zu haben. «Auf diese Entfernung könnten sie noch nicht einmal einen Elefanten treffen», soll er gesagt haben – und wurde wenige Momente später von einer Kugel tödlich unter dem Auge getroffen. Also auch ein ziemlich finales «Ups!». Und für uns die Lehre: Wenn du Kugeln vorbeizischen hörst, wirf dich auf den Boden, egal was dein General von sich gibt. Der steht dann unter Umständen nämlich nicht mehr lange.

Bleiben wir noch kurz beim Amerikanischen Bürgerkrieg – da passierte nämlich noch eine Panne monumentalen Ausmaßes. Die unionistische Potomac-Armee war auf dem Weg nach Frederick, die Konföderiertenarmee befand sich mittlerweile gefährlich nah an Washington und demoralisierte die Unionisten. Das alles sollte sich am 13. September 1862 schlagartig ändern, als der Unionssoldat Corporal Barton W. Mitchell bei einem verlassenen Feldlager der Konföderiertenarmee in Maryland zufällig ein Blatt Papier fand, das um drei Zigarren gewickelt war. Er hob es auf, entrollte es – und war sich sofort sicher, dass er etwas Ungeheuerliches in den Händen hielt. Das Blatt gelangte schnell zur Spitze der Heeresleitung, zu General George Brinton McClellan. Der konnte sein Glück kaum fassen, denn bei diesem Stück Papier handelte es sich um die «Special Order No. 191», unterzeichnet von General Robert E. Lee, der die Nord-Virginia-Armee der Konföderierten anführte. Das Blatt enthielt die geplanten Truppenbewegungen Lees, der seine Armee zweiteilen würde – ein wagemutiger Schachzug, brillant, wenn er unbemerkt geblieben wäre. Sein Gegenspieler auf der feindlichen Seite, McClellan, war bekannt für seine übermäßige Vorsicht, weshalb Lees Plan durchaus sinnvoll war. Doch selbst jetzt, die genauen Anweisungen seines Gegenübers in den Händen, zögerte McClellan noch, auch wenn er zahlenmäßig und taktisch klar im Vorteil war (er hatte mehr als doppelt so viele Soldaten). Historiker spekulieren, dass McClellan sich seiner zahlenmäßigen Übermacht wohl nicht bewusst gewesen sein mag. Er reagierte so langsam, dass der zweite Teil von Lees Armee, der Harpers Ferry und die dort stationierte unionistische Garnison hatte einnehmen sollen, nach seinem Sieg wieder zum Rest der Konföderierten zurückkehren konnte.

Am Ufer des Antietam trafen die beiden Armeen schließlich am 17. September aufeinander. In der blutigsten Schlacht der Geschichte auf amerikanischem Boden, die einen Tag dauerte, mussten beide Seiten schwere Verluste hinnehmen. McClellan gelang es nicht, Lees Armee endgültig zu schlagen, doch die Konföderierten zogen sich schließlich zurück, und die Unionisten errangen einen entscheidenden, vielleicht *den* entscheidenden Sieg im Bürgerkrieg. Denn er markierte das Ende von Lees Feldzug in den Norden und gab Lincoln genug Rückenwind, um am 22. September 1862 die Emanzipationserklärung verkünden zu können, in der alle Sklaven der Südstaaten für frei erklärt wurden. Man merke sich: Auf dem Boden liegende Zettel sollte man aufheben und Zigarren anderweitig entsorgen. Hängt zwar nicht immer das Schicksal eines ganzen Landes davon ab, aber man weiß ja nie. Und besser für die Umwelt ist es allemal.

Und nun mal weg von den Entscheidungen über Sieg und Niederlage und ab zu einem ganz anderen Gebiet, auf dem manchmal allerdings ebenfalls heftige Gefechte ausgetragen werden: der Kunst. Was ist heute schon Kunst? Nicht umsonst hat der Spruch «Ist das Kunst, oder kann das weg?» Karriere gemacht. Besonders peinlich wird es allerdings für den Künstler, wenn der Spruch sich nicht nur auf einer Postkarte an einem WG-Kühlschrank findet, sondern in die Tat umgesetzt wird. Wie bei Martin Kippenberger. In einer Dortmunder Ausstellung griff eine Putzfrau 2011 beherzt zu und schrubbte einen dreckigen Gummitrog blitzsauber. Dummerweise war das Ding aber Teil einer 800 000 Euro teuren Installation. Ups! Kippenberger war allerdings nicht der erste Künstler, dessen Werk Reinigungskräfte buchstäblich für Dreck hielten. Joseph Beuys ereilte dieses Schicksal gleich mehrmals. Sein Kunstwerk *unbetitelt (Badewanne)*, das 1973 im Schloss Morsbroich für eine dortige Ausstellung gelagert wurde, war in den Augen zweier Frauen des Leverkusener SPD-Ortsvereins eben nur das: eine eh schon dreckige Wanne, in der man die Gläser des dort stattgefundenen Festes waschen konnte – mit dem netten Nebeneffekt, dass die Wanne auch noch sauber wurde. Das zweite Mal traf es Beuys posthum. Ein als *Fettecke* betiteltes Kunstwerk lagerte in einem kaum mehr genutzten Raum der Staatlichen Kunstakademie in Düsseldorf. Die Skulptur bestand aus Butter. Butter – genau. Und war, nach den Worten der Verteidigerin im nachfolgenden Prozess, mit Staub und Spinnweben bedeckt.

Was heißt das nun? Hat der Pöbel, hier dargestellt durch die ahnungslose Putzfrau, einfach keinen Feinsinn? Oder hat es der Künstler im Sinne einer dekadenten und überkandidelten Auffassung von Kunst zu weit getrieben? Oder sind derartige Werke gar nicht ernst gemeint, sondern ein beißend ironischer Kommentar, der von den sogenannten Kunstkennern nicht erkannt wird, während sie salbungsvoll nickend davorstehen?

Putz-Fälle wie diese zwingen uns, etwas zu tun, was oft unter den Tisch fällt: definieren. Wenn nicht allgemein, dann doch für uns selbst. Was ist Kunst für mich? Wo ist die Grenze? Ist dreckige, ranzige Butter noch als Kunstwerk für mich zu erkennen, oder gilt sie bloß als solche, weil Beuys sie zusammengepappt hat? Eins ist zumindest sicher: Im Moment tun Künstler, Galeristen und Museumshäuser gut daran, ihre Kunstwerke deutlich zu kennzeichnen und abzusperren. Sonst gehen unter Umständen beim Einsatz eines Feuerlöschers oder beim Wischen des Bodens wieder mehrere tausend Euro verloren. Wupps.

Auch bei den Forschungsgegenständen der Religionswissenschaft tummeln sich solche Momente, in denen man sich kurz die Haare raufen will. Schauen wir mal auf eine religiöse Gruppierung mit stark missionarischem Ansatz: die Kirche der Heiligen der Letzten Tage, auch bekannt als Mormonen. 1830 in den USA von Joseph Smith begründet, ist sie mittlerweile zumindest in Form von blutjungen Missionaren in schlecht sitzenden Anzügen zu uns nach Europa hinübergeschwappt. Allerdings reagieren die meisten Passanten und Hausbewohner auf die Frage «Wollen Sie über Gott sprechen?» meist nicht mit einem begeisterten «Klar, lass mich mal eben meinen Termin absagen!». Und so wissen die wenigsten, was es wirklich mit den Heiligen der Letzten Tage auf sich hat. Joseph Smith, noch heute von Mormonen als Prophet gefeiert, fand angeblich im Jahr 1823 in der Nähe von New York Tafeln, auf denen ägyptische Hieroglyphen gestanden haben sollen. Smiths Geschichte lautet folgendermaßen: Er habe die Goldtafeln in der Nähe von Palmyra, New York, gefunden, und der Engel Moroni hätte ihn danach besucht und ihm (je nach Variante der Geschichte) einen «seer-stone» oder einen Hut gegeben, in den besagter Stein gelegt wurde, der so die Hieroglyphen «übersetzen» konnte. Jetzt wird es allerdings etwas fadenscheinig – ja, noch fadenscheiniger als die Geschichte mit dem magischen Stein im ebenso magischen Hut, der dann die Übersetzung ausspuckt (hätte man so einen doch mal früher bei Lateinklausuren dabeigehabt!). Denn dieser Text, der das *Book of Mormon* bildet, soll aus «reformed Egyptian», also reformiertem Ägyptisch, übersetzt worden sein. Ägyptologen zufolge sind jedoch keinerlei Beweise für eine solche Sprache je gefunden worden. Auf den goldenen Tafeln können wir auch nicht mehr nachschauen, da Smith sie dem Engel praktischerweise wieder mitgeben musste. Mormonische Apologeten, besonders überzeugte Verteidiger des mormonischen Glaubens also, argumentieren hier, dass Smith lediglich eine Vision der Tafeln gesehen habe, genau wie die Zeugen dieser Offenbarung. Schriftstücke, die in Amerika gefunden wurden und angeblich ägyptische Hieroglyphen abbildeten, haben sich als falsch herausgestellt.

Das apologetische Argument (von allen Religionen gern genutzt) «Du kannst nicht beweisen, dass X nicht existiert» hat bereits der Universalwissenschaftler Bertrand Russell, den wir ja schon kennengelernt haben, für absurd erklärt. Mit dem sogenannten *Book of Abraham* in der *Pearl of Great Price*, einem weiteren kanonischen Text des Mormonentums, verhält es sich anders, denn hier liegt uns der Original-Papyrus vor, der damals in Smiths Besitz war. Zumindest in Fragmenten. Peinlicherweise ergab deren Übersetzung durch nicht mormonische Historiker und Ägyptologen keinerlei Übereinstimmung mit Smiths Übersetzung. Statt der Geschichte des Lebens Abrahams erzählen die Papyri vom Leben nach dem Tod des ägyptischen Priesters Hor und sind ein Ausschnitt einer Fassung des Totenbuchs der alten Ägypter. In Smiths Papyri wird in Wahrheit dem göttlich gewordenen Priester von der Göttin Isis die volle Wiedererlangung seiner körperlichen Fähigkeiten, darunter auch die des Atmens, versprochen. Gleichzeitig soll er die gleichen Privilegien wie alle anderen Götter erhalten. Dieses «Atmungs-Dokument» wird vom Gott Toth niedergeschrieben.

Joseph Smith hat also mit seiner Übersetzung mehr als danebengehauen. Ihm selbst wird das ziemlich egal gewesen sein, aber für die Kirche, die er gründete, sind die Vorwürfe des Betrugs an ihren Gründer mehr als peinlich. Plagiatsvorwürfen in Bezug auf die Bibel, was ihre heiligen Schriften angeht, hält die LDS (*Church of Latter Day Saints*) entgegen, dass die Ähnlichkeit der Texte lediglich Gottes Beständigkeit zeige – ein Plagiat als Beweis für die Echtheit und den göttlichen Ursprung des Textes? Das ist mal ein ganz neues Argument. Ich bezweifle trotzdem, dass es bei der nächsten Plagiatsaffäre in der Politik ziehen wird.

Dieser geballten Ladung an Versehen, Peinlichkeiten und Unachtsamkeiten – mal folgt direkt das Desaster, mal eine philosophische Grundsatzdiskussion quer durch die Felder der Geisteswissenschaften – ist doch wohl kaum etwas entgegenzusetzen, oder? Auch wenn die Naturwissenschaften gleich mit radioaktiver Zahnpasta um die Ecke kommen – Harald Godwinson hätte bestimmt liebend gern strahlende Zähne gehabt. Viel lieber, als sich von Wilhelms Kavallerie in Grund und Boden stampfen zu lassen. Nur so eine Vermutung. Fragen können wir ihn ja leider nicht mehr.

Lebende Knochen, ★ Quecksilbereis und ★ Radonhoden

Forschung arbeitet per definitionem am Rande dessen, was wir wissen. Man hantiert häufig mit Substanzen, Zuständen, Dingen, die man noch nicht versteht, und weiß deshalb vielleicht gar nicht, dass man sich gerade in Lebensgefahr begibt. Gerade Physiklabore waren noch nie besonders sichere Arbeitsplätze. Wer Geschichtswissenschaft betreibt, dem droht vielleicht ein besonders schweres Buch aus dem Regal auf den Kopf zu fallen. Man leckt aber nicht an einer Substanz, um dann ein paar Jahre später herauszufinden, dass diese Substanz ausgesprochen giftig war. Diese Art von Unaufmerksamkeiten ist eine spezielle Disziplin der Naturwissenschaften!

Und manchmal bringt man nicht nur sich selbst in Lebensgefahr, sondern gleich eine ganze Gruppe fremder Menschen. Menschen, die damit überhaupt nichts zu tun haben wie die berühmte japanische Schauspielerin Midori Naka. Nach der Universität trat sie ab 1928 verschiedenen Theatergruppen bei, die alle aufgelöst wurden, teils durch die japanische Polizei, teils durch die Schwierigkeiten, die die ständigen Luftangriffe mit sich brachten. Ihr Name wird heute aber nicht nur mit dem Schauspiel in Verbindung gebracht. Im Juni 1945 ließ sie sich mit der Theatergruppe Sakura-tai in Hiroshima nieder, um die Saison dort zu spielen. Nur zwei Monate später warfen amerikanische Bomber eine Atombombe über der Stadt ab, gerade mal 650 Meter entfernt von dem Theater, in dem Midori Naka spielte. Sie schaffte es in das Krankenhaus von Tokio, starb dort aber. Masao Tsuzuki, der Arzt, der sie untersuchte, hatte vorher die Effekte radioaktiver Strahlung an Laborhasen beobachten können. Deswegen konnte er eine Diagnose stellen, die Geschichte schreiben sollte: Midori Naka starb den ersten offiziellen Strahlungstod.

Die Strahlung an sich war da schon lange entdeckt worden, 49 Jahre früher, um genau zu sein. 1896 bemerkte der französische Physiker Henri Becquerel, dass seine Fotoplatten plötzlich komplett schwarz geworden waren. Er war sich aber sicher, sie immer im Dunkeln gehalten zu haben. Er durchsuchte sein Labor und fand die Schuldigen – Uransalze –, die er in großen Mengen in seinen Schränken verwahrte. Also musste von diesem Uran eine Strahlung ausgehen, die man mit dem Auge nicht sehen konnte. Marie und Pierre Curie benannten das Phänomen zwei Jahre später «Radioaktivität». Da aber radioaktive Strahlung unsichtbar und geruchlos ist und die gesundheitlichen Schäden im Allgemeinen erst verzögert auftreten, galt sie lange als ungefährlich.

Tatsächlich setzte sich die Vorstellung einer schädlichen Wirkung nur langsam durch, die erste Reaktion der Gesellschaft ging nämlich in eine ganz andere Richtung: Radioaktivität war plötzlich das Allheilmittel, eine magische Arznei für alles, was sonst nicht direkt heilbar war. In den 20er und 30er Jahren beispielsweise wurden Krüge unter dem Namen *Revigator* verkauft. Man sollte sie über Nacht mit Wasser füllen, das dann durch die radioaktive Strahlung, so die Werbung, gesünder werden sollte. Tatsächlich lösten sich im Wasser Blei, Vanadium, Arsen, Uran und Radon – alles nicht in tödlichen Dosen, aber alle diese Stoffe möchte man nicht gezielt in der eigenen Nahrung anreichern.

Die Zahncreme «Doramad» enthielt so viel des radioaktiven Stoffes Thorium, dass die Zähne nach dem Putzen blau leuchteten. Das Leuchten kann man heute noch betrachten, wenn man Brennelemente von Atomkraftwerken in ihrem Wasserbecken anschaut. Beworben wurde sie mit ihrem neuartigen Geschmack und dem Versprechen, «die Zellen mit neuer Lebensenergie zu laden und die Bakterien in ihrer zerstörenden Wirksamkeit zu hemmen». Zumindest Letzteres funktionierte: Radioaktivität zerstört nicht nur die DNA von Menschen, sondern auch die von Bakterien. Die Zahnpasta wurde bis 1945 produziert – im Jahr des Atombombenabwurfs wurde sie final vom Markt genommen. Außerdem wurden mit Radium getränkte Leuchtstoffe und Tücher hergestellt und, wie könnte es anders sein, auch zur Potenzsteigerung empfohlen: Der «Radiendocrinator», verkauft zwischen 1924 und 1929, kostete 150 US-Dollar und wurde in einer edlen Hülle aus dunkelblauem Kunstleder mit goldener Prägung geliefert. In der Hülle fand man einen Metallrahmenn, der sieben radiumgetränkte Papierblätter enthielt. Um die Potenz zu steigern, sollte man sich diesen Metallrahmen im Wesentlichen jede Nacht an den Hoden schnallen. Aber auch andere Körperregionen konnten bestrahlt werden: Die Werbung zeigte attraktive Models, die nichts trugen außer den «Radiendocrinator», mal um den Kopf geschnallt, mal um den Nacken oder den Rücken. Neben der Potenz sollte das Gerät nämlich auch Charakter, Erinnerungsfähigkeit und Aussehen verbessern und gegen Übergewicht helfen.

Natürlich faszinierte die Radioaktivität jeden. Eine Farbe, die bei Tag und Nacht permanent leuchtet, ist ein Wunder, umso mehr in einer Zeit, in der sich die Älteren noch an eine Zeit ohne elektrische Straßenbeleuchtung erinnern konnten. Auf die luxuriösesten Uhren trug man die Farbe auf, damit man sie auch nachts ablesen konnte, natürlich in Handarbeit. Die weitestgehend weiblichen Fabrikarbeiterinnen bekamen später den Beinamen «Radium Girls». Eine solche Strahlungsquelle am Handgelenk zu tragen war sicher nicht gesund, die Arbeiterinnen aber traf es besonders. Zum einen sollen sie sich mit der leuchtenden Farbe Fingernägel und Körper bemalt haben, um ihre Liebhaber nachts leuchtend zu überraschen. Zum anderen, und dies war eine direkte Folge ihrer Tätigkeit, mussten sie die feinen Kamelhaarpinsel, mit denen sie die Farbe auftrugen, mit der Zunge ständig wieder in Form bringen. Dadurch verschluckten sie große Mengen des radioaktiven Materials – mit gravierenden Folgen.

1925 berichteten drei Forscher mit der ulkigen Namenskombination *Castle, Drinker* und *Drinker* im *Journal of Industrial Hygiene* von fünf Fällen der Krankheit, der später der Name Radiumkiefer zugewiesen wurde. Dabei verrottet der Kiefer nach und nach. Die Bedingungen in der Fabrik, von denen die Forscher in ihrem Artikel berichten, sind nach heutigen Arbeitsschutzstandards schwer vorstellbar: Tische, Wände, Stühle und die Arbeitskleidung tauchten die gesamte Fabrik nachts in ein glimmendes, bläuliches Licht. Menschen, die mit der Farbe arbeiteten, umgab ein leichter Schimmer. Inzwischen sind radioaktive Materialien stark reglementiert, die Faszination ist einer Vorsicht gewichen. Grob 50 Jahre lang aber war radioaktive Strahlung der neue strahlend heiße Scheiß, und jede Unaufmerksamkeit im Umgang bedeutete gravierende Konsequenzen für den nachlässigen Menschen. Der Erfinder des «Radiendocrinators» starb 19 Jahre nach der Erfindung an Blasenkrebs, Marie Curie, die einzige Frau, die mit mehr als einem Nobelpreis ausgezeichnet wurde, starb 1934 an Blutarmut, die auf ihren Umgang mit radioaktiven Elementen zurückzuführen ist. Ihre Tochter Irène Joliot-Curie starb vermutlich wegen ihres Umgangs mit großen Mengen Polonium an Leukämie.

Ein ganz ähnlicher Fall war die Röntgenstrahlung, eine Entdeckung, die dem Würzburger Physiker Wilhelm Conrad Röntgen 1901 immerhin den allerersten jemals vergebenen Nobelpreis für Physik einbrachte. Genau wie radioaktive Strahlung war sie in ihrer Anfangszeit eine Sensation. Nicht nur die exklusiven akademischen Kreise diskutierten sie, nein, sie war ein gesellschaftliches Event. Man musste niemanden aufschneiden, sondern konnte die Gelenke und Knochen im lebenden Menschen sehen. Auf Partys fanden sich Apparate, die das eigene Skelett auf einen großen Schirm projizierten, womit man sich eine heftige Strahlendosis abholte. In Schuhgeschäften konnte man sich den Fuß zusammen mit dem neuen Schuh röntgen lassen, um zu sehen, ob er richtig sitzt. Ähnlich wie bei den Ganzkörperscannern an Flughäfen entflammte eine Diskussion, ob die Bilder nicht zu viel enthüllen könnten. Eine findige Londoner Textilfirma witterte ein Geschäft und bot deshalb Unterwäsche an, die angeblich röntgensicher war.

Als sich dann auch bei der Röntgenstrahlung herausstellte, dass sie in großen Mengen schädlich war, wurde sie ebenfalls eingeschränkt. Aus der Medizin sind aber radioaktive Präparate genauso wenig wegzudenken wie Röntgenstrahlung. Radioaktive Materialien lösen nicht nur Krebs aus, sondern boten auch die erste Möglichkeit, Heilung für vorher unheilbare Krebsarten zu liefern. Pierre und Marie Curie schlugen vor, Radon gezielt in den Körper zu bringen, um das bösartige Gewebe zu zerstören. Ohnehin ist man jeden Tag einer geringen Dosis Strahlung ausgesetzt, weil in der Natur geringe Mengen radioaktiver Stoffe vorkommen. Röntgenstrahlung wird in der Medizin tagtäglich eingesetzt, nur in viel geringerer Intensität und viel besser lokalisiert. Dass aber Röntgen und Radioaktivität so stark und unkontrolliert Eingang in die Gesellschaft fanden, ohne dass die gesundheitlichen Schäden allgemein bekannt waren – das war eine der größten Unaufmerksamkeiten der Wissenschaft.

Auch der nächste Fall, Quecksilber, passt in diese Kategorie. Mit ihm kann man niemanden durchleuchten, es glimmt nicht bläulich im Dunkeln, es ist einfach silbern und flüssig. Trotzdem gelangte es in viele Haushalte. Quecksilber dehnt sich nämlich stark aus, wenn man es aufwärmt, was es zum idealen Grundmaterial für Thermometer macht. Dass in Flüssigkeitsthermometern inzwischen Ersatzstoffe verwendet werden, hat einen guten Grund: Fiel das Thermometer zu Boden und zerbrach, drang das Quecksilber in den Boden ein und gab von dort langsam seinen äußerst giftigen Dampf ab. Beim Verschlucken sind schon sehr kleine Mengen tödlich. Aber auch Übelkeit, Nieren- oder Leberschäden können die Folge sein, zusammen mit Verhaltensveränderungen. Das Metall schaffte es sogar, eine ganze Berufsgruppe in Verruf zu bringen: Hutmacher, deren Felle und Filze aufgrund der Verarbeitung oft mit Quecksilber belastet waren, vergifteten sich nach und nach. Das englische Sprichwort, jemand sei «mad as a hatter» – also wahnsinnig wie ein Hutmacher –, stammt vermutlich daher. In einem Artikel der *Annalen der Physik* aus dem Jahr 1799 wird sogar beschrieben, wie sich eine unwissende Gruppe Forscher selbst vergiftete: Zwei von ihnen, Fourcroy und Vauquelin, stellten in einem besonders kalten Winter eine sogenannte Kältemischung aus Schnee und Salz her, in der sie Quecksilber zum Gefrieren brachten. Um zu testen, ob es auch kalt genug sei, und um herauszufinden, wie lange es brauchen würde, um sich wieder zu verflüssigen, gaben sie es zunächst in einem Porzellanschälchen von Hand zu Hand. Flüssig wurde es erst nach drei bis vier Minuten, aber dann konnte keiner der Versuchung widerstehen: Wenn man «den Finger in die Mischung tauchte», empfand man ein «heftiges Drücken, dem ähnlich, das ein Schraubstock bewirkt». Als sie ihre Finger wieder aus der Mischung zogen, waren diese weiß wie Papier – sie berichten, dass sie sich nur ins Leben zurückholen ließen, wenn man den Finger zunächst in den Schnee tauchte, dann vor und schließlich in den Mund hielt – sonst, so schreiben die Forscher, «würde unfehlbar alles Leben in demselben ertödtet und der Krebs daran getreten seyn».

Zum Glück führen manche Unaufmerksamkeiten nur zum Verlust von Geld und materiellen Gütern, nicht zum Verlust von Menschenleben. Wer schon mal programmiert hat, weiß, dass quasi jedes neue Programm eine Vielzahl von Fehlern enthält, die erst nach und nach während der Benutzung korrigiert werden müssen. Und da Computer hinter einer Vielzahl von Dingen stehen, die wir jeden Tag nutzen, ob nun mehr oder weniger offensichtlich, sind auch Programmierfehler direkt relevant für unser tägliches Leben.

Das gilt heute wie für die allerersten Computer. Der damals hochgeheime Militärcomputer Mark II, finanziert von der amerikanischen Navy, konnte Logarithmen, Sinus, Cosinus und Wurzelziehen – alles in gerade mal 5 bis 12 Sekunden. Der Computer war aufgebaut aus elektromagnetischen Relays: Schalter, die ausgeschaltet einer 0 entsprachen und eingeschaltet einer 1. Als der Computer 1947 plötzlich komische Ergebnisse lieferte, waren die Betreiber alarmiert, unter ihnen einer der ersten Computer-Geeks der Welt, Admiral Grace Hopper, Spitzname «Amazing Grace». Sie und ein Techniker machten sich auf die Suche nach dem Fehler. Was der Techniker fand: Eine Motte, die so in den Schalter geflogen war, dass der nicht mehr schließen konnte. «Der erste tatsächliche Computerbug», wurde im Logbuch des Computers vermerkt und die Motte mit einem Klebestreifen danebengeklebt. Der Begriff Bug für einen allgemeinen Computerfehler existierte schon vorher, aber dass tatsächlich ein echter Käfer einen Fehler auslösen konnte, brachte die unschuldige kleine Motte in das Smithsonian-Museum für Amerikanische Geschichte in Washington, D. C., wo das Logbuch ausgestellt ist.

Mittlerweile ist die Elektronik sehr viel kleiner geworden. Zwischen die Schalter heute passen keine Käfer mehr. Fehlerquellen gibt es aber trotzdem noch genug, allen voran die Person, die die Maschine tatsächlich bedient. Jeder, der schon mal probiert hat, ein fehlerfreies Programm zu schreiben, weiß: Es braucht viele Tests, viele Stunden an Fehlersuche.

Aber selbst dann wird es immer einen Fehler geben, der einem durchrutscht. Besonders teuer und wirksam sind solche Fehler in der Luft- und Raumfahrt. Bei jedem Flugzeug und bei jeder Rakete sind bis zu einem gewissen Grad Programme involviert. Wenn aber eine solche Steuerung Fehler aufweist, kann das dazu führen, dass das Gerät selbst kaputtgeht – und genau dies ist bereits mehrere Male passiert. Die Mariner 1, eine Rakete der NASA, die 1962 gestartet wurde, musste 294,5 Sekunden nach dem Start gesprengt werden. Sie reagierte nicht mehr auf die Steuerbefehle. Der genaue Fehler ist unklar geblieben; die am häufigsten genannte Erklärung ist allerdings, dass bei der Transkription des Programmcodes ein einziger Strich übersehen wurde. 1971 sprengten sich bei einem französischen Projekt über 70 Wetterballons selbst, weil in den Systemen der Ballons der Befehl «Sende Daten» aus Versehen mit dem Befehl «Zerstöre dich selbst» vertauscht worden war. Beim Kampfflugzeug F-16 wurde ein gravierender Fehler hingegen zum Glück kurz vor der Auslieferung 1978 bemerkt. Sobald das Navigationssystem nämlich mit negativen Koordinaten konfrontiert gewesen wäre, also den Äquator überflogen hätte, hätte der Autopilot das Flugzeug in Rückenlage gedreht.

Ein ähnlicher Fehler unterlief der Europäischen Weltraumorganisation ESA bei der Ariane-5-Rakete: Die Steuerung wurde von der älteren Ariane-4 übernommen, die neue Rakete aber hatte viel mehr Schub. Die Steuerung maß, wie sehr die Rakete nach oben beschleunigt wurde – der Wert war aber so groß, dass der vorgesehene Speicherplatz für den Wert nicht ausreichte. Die Rakete explodierte nur 37 Sekunden nach dem Start. Auch unlängst passierten solche Fehler: In den japanischen Satellit Hitomi, der am 17. Februar 2016 in den Orbit startete, wurden hohe Erwartungen gesetzt. Er hatte schließlich 250 Millionen Dollar gekostet. Umso größer war der Schock, als der Satellit am dritten Tag der Messungen plötzlich keine Meldung mehr an die Bodenstation sendete. Aufgrund einer Fehlfunktion hatte der Satellit seine Gyroskope angeschaltet: Geräte, die die Lage und Rotation des Satelliten bestimmen. Als die Gyroskope maßen, dass der Satellit rotierte, wurde eine Kurskorrektur eingeleitet, die den Satellit zum Stillstehen bewegen sollte. Die Wirkung der Korrektur aber war die genau entgegengesetzte: Der Satellit drehte sich noch schneller als zuvor. Er aktivierte einen Sicherheitsmodus und führte Systemchecks durch. Als diese abgeschlossen waren, hatte er bereits begonnen, zu trudeln. Ein falscher Befehl, der nur Wochen vorher auf den Satelliten geladen worden war, brachte ihn aber in eine noch viel schnellere Rotation. Schließlich drehte er sich so schnell, dass die Sonnensegel und mehrere Geräte abrissen und der Satellit nicht mehr zu gebrauchen war.

Sie sind aber nicht nur Fluch, sondern manchmal auch Segen, diese Unaufmerksamkeiten. Eine fälschlicherweise nicht verschlossene Bakterienkultur im St. Mary's Hospital in London führte 1928 zur Entdeckung des Penizillins, dem ersten Antibiotikum, durch Alexander Fleming. Sidenafil war entwickelt worden, um Bluthochdruck zu behandeln, war aber an ganz anderer Stelle wirksam. Es wird heute unter dem Namen Viagra vertrieben. Manchmal sind sie sowohl Fluch als auch Segen – wie bei der Röntgenstrahlung, die zum Verlust von Menschenleben führte, aber zu einem unverzichtbaren Werkzeug der Medizin wurde.

Es ist gar nicht so schlecht, dass der Mensch nicht unfehlbar ist. Nachlässigkeit hat, bei allen Gefahren, die Menschheit und die Naturwissenschaft weitergebracht. Vielleicht ist es

eine Unaufmerksamkeit, wenn ein König von Reitern überrascht wird. Aber alle Kombattanten dürften sich einig darin
sein, dass das Röntgen ein wunderbarer, unglaublich nütz-
licher Zufall ist, der einem wirklich hilft, wenn man aus dem
Ring kommend nicht ganz sicher ist, ob die eigene Nase vorher
wirklich schon so schief im Gesicht saß.

10. Runde

Größtes Drama

★ Schneewittchen mit Codes ★

Drama und die Naturwissenschaften – das ist, als ob man Rosenblätter über einen Kartoffelsalat streut, um anschließend mit Balsamicocreme geometrische Muster auf den Teller zu zeichnen. Kann man machen, muss man aber nicht. Wissenschaft sollte doch tendenziell zu trockener Vernunft und geistiger Nahrhaftigkeit neigen und sich nicht auf das menschliche Miteinander konzentrieren. Was aber passiert, wenn sich Politik und Gefühle in das Leben zweier genialer Wissenschaftler einmischen?

Es kommt dann zum Beispiel eine Geschichte heraus, die man sogar als Regeldrama erzählen kann, unterteilt in Exposition, Klimax, Umkehr, Retardation und Katastrophe – auch wenn die Geschichte wie so ziemlich jede Geschichte des echten Lebens nicht vollkommen perfekt in diese Form passt. Schlagen wir im letzten Kapitel die Geisteswissenschaft also mit ihren eigenen Mitteln! Die Geschichte beginnt im Großbritannien des Zweiten Weltkriegs. Der Hauptcharakter ist Alan Turing, ein britischer Mathematiker, Logiker und theoretischer Biologe, der als Vater des Konzepts der künstlichen Intelligenz berühmt wurde und die theoretische Informatik begründen sollte. Die Geschichte seiner Schulzeit gleicht der vieler sogenannter Wunderkinder. Schon im jüngsten Alter konnte er problemlos schwierige Mathematikaufgaben lösen, während seine Lehrer eigentlich viel lieber die Klassiker der Literaturgeschichte durchnehmen wollten. Nach der Schule kam er nach Cambridge und blühte dort auf. Sein Studium schloss er mit hervorragenden Noten ab.

Der Hintergrund ist gegeben, die Hauptfigur vorgestellt. Nun zur Handlung. Der Zweite Weltkrieg war ein Krieg, der unter anderem mit U-Booten geführt wurde. Sie operierten verdeckt, und das vor allem auch, weil sie Nachrichten mit der inzwischen bekannten ENIGMA-Maschine verschlüsseln konnten. Sie benutzte ein System gegeneinander rotierender Walzen, das von vielen Experten als völlig sicher angesehen wurde. Je mehr Walzen zum Einsatz kamen, desto stärker war die Verschlüsselung. Natürlich besaß jedes Land dennoch ein Team, das versuchte, die Codes zu knacken. Alan Turing war Teil eines solchen Teams. Im September 1938 begann er, in der *Government Code & Cypher School* zu arbeiten.

Während die Geheimdienste weltweit im Dunkeln tappten, erzielte das polnische Team einen beachtlichen Erfolg. Bereits 1932 konnten die polnischen Geheimdienstmitarbeiter Codes entziffern, da ihnen einige ENIGMAs in die Hände gefallen waren. Außerdem nutzten sie einen Fehler der Deutschen aus: Bevor man den verschlüsselten Text eingab, musste man an der Maschine drei Buchstaben einstellen, um die Nachricht korrekt herauszubekommen. Um dem Empfänger diese drei

Buchstaben mitzuteilen, wurden sie, ebenfalls verschlüsselt, am Anfang jeder Nachricht mitgesendet. Zur Sicherheit aber wurde die Buchstabenkombination nicht einmal durchgegeben, sondern zweimal direkt hintereinander. Eine Nachricht konnte also mit MKIMKI beginnen, was sich dann verschlüsselt beispielsweise als BJKWID las. Diese Wiederholung enthielt aber Informationen über die Art der Verschlüsselung selbst. Im Rückblick wäre es sicherer gewesen, den Schlüssel einfach im Klartext mitzuschicken.

Eine Zeitlang ließen sich so Nachrichten der Deutschen mitlesen. Als diese aber mehr und mehr Walzen in ihren ENIGMA-Maschinen verbauten, wurde die Entschlüsselung nach der polnischen Methode komplexer und immer schwerer. Außerdem wuchs der politische Druck. Polen entschied sich, sein Wissen mit den alliierten Partnern zu teilen. Gerade noch rechtzeitig: Ein paar Tage nach dem Treffen überfiel die deutsche Armee Polen. Die Kryptologen mussten fliehen.

Turing, der gern in Pyjama unter dem Sakko zur Arbeit kam, ein hervorragender Läufer war und seinen Teekessel mit einer Kette an der Heizung sicherte, intensivierte seine Arbeit und schaffte es auf der Basis der polnischen Vorarbeit, eine völlig neue, viel komplexere Maschine zu entwickeln. Wie bei der polnischen Methode war sie nur Instrument, mit der jede neue Codierung der Deutschen ein ums andere Mal entschlüsselt wurde. Der Mechanismus basierte auf zwei Informationen. Erstens codierte ENIGMA nie gleiche Buchstaben auf sich selbst, das heißt, dass beispielsweise ein W nie als W verschlüsselt wurde. Zweitens war zu erwarten, dass in den Nachrichten immer die gleichen Phrasen vorkamen. Geheimnachrichten im militärischen Kontext sind häufig relativ vorhersehbar. Im Krieg wurden beispielsweise so simple Dinge wie Wettervorhersagen verschlüsselt weitergegeben. Am D-Day wurde der Nachrichtenteil WETTERVORHERSAGEBISKAYA benutzt, um die Verschlüsselung zu knacken. Turings Apparat, eine riesige, geniale Maschine, funktionierte prächtig und nahm den Deutschen ihre Überlegenheit. Ob die Rechnungen stimmen, die behaupten, dass er den Krieg damit um zwei Jahre verkürzt hat, ist allerdings kaum belegbar. Turings Maschine rettete aber letztendlich enorm vielen Menschen das Leben und ist eine der wenigen Leistungen einer einzigen Person, die entscheidend zum Verlauf und Ausgang des Zweiten Weltkriegs beitrugen. Der Triumph, der Höhepunkt unseres Regeldramas, die Klimax, ist erreicht. Die Deutschen glaubten bis zuletzt an Spionage in ihren eigenen Reihen. Ihrer Verschlüsselung vertrauten sie völlig. Natürlich hatte Großbritannien keinerlei Interesse, sie auf ihren Irrtum hinzuweisen. Ein hochtalentierter Junge war aufgewachsen, in das richtige Umfeld gekommen und hatte einen relevanten Beitrag zum Verlauf der Geschichte geleistet. Doch genau hier deutet sich auch zum ersten Mal der Weg zur Katastrophe an.

Turing bekam einen Orden, aber da seine Arbeit weiter unter Geheimhaltung stand, konnte sie nicht im vollen Umfang anerkannt werden. Das ist vielleicht noch kein allzu großes Drama; seine Forschung außerhalb der Kryptologie war brillant genug, um ihn weithin bekannt zu machen.

Eine andere Sache spielt eine größere Rolle: Im Jahr 1952 rief Turing die Polizei, weil er einen Einbrecher im Haus hatte. Aber die Ordnungsmacht kümmerte sich nicht nur um den Einbruch, sie fand noch etwas Weiteres heraus. Der Einbrecher war über einen Komplizen ins Haus gelangt, mit dem Turing eine Affäre hatte. Turing war homosexuell in einer Zeit, in der das in Großbritannien noch unter Strafe stand. Er wurde angeklagt und vor die Wahl gestellt, entweder Zeit im Gefängnis zu verbringen oder sich einer Östrogen-Therapie zu unterziehen, um seinen Sexualtrieb einzuschränken. Turing entschied sich für die Therapie. Zwei Jahre später wurde er tot in seinem Schlafzimmer aufgefunden, in der Luft der Geruch von Bittermandel – ein Hinweis auf das Gift Zyankali – und neben Turing ein angebissener Apfel. Hatte er sich selbst vergiftet?

Lange hielt man Turings Fall für einen Suizid. Einer seiner Biographen wies aber darauf hin, dass der Apfel nie auf Zyankali untersucht wurde, es sei ohnehin Turings Angewohnheit gewesen, vor dem Zubettgehen einen Apfel zu essen, und er führte in einer Kammer seines Hauses gern chemische und physikalische Versuche durch und war dabei immer wieder unvorsichtig. Gut möglich also, dass sich Turing aus Unvorsichtigkeit selbst vergiftete. Aber: Die meisten Biographen gehen von einem Selbstmord aus, der im Zusammenhang mit der Östrogen-Therapie stand. Egal, welche der Theorien stimmt. Dort im Bett lag ein äußerst begabter Computerpionier, gerade mal 42 Jahre alt, wegen seiner Sexualität angeklagt und zu einer Therapie gezwungen, die vermutlich eine Depression bei ihm bewirkt hatte, noch dazu ohne große öffentliche Anerkennung für seine vielleicht einflussreichste Tat. 2009 entschuldigte sich Großbritannien, vertreten durch Premierminister Gordon Brown, sogar offiziell für diese «entsetzliche Behandlung». Erst im Jahr 2013 sprach Queen Elizabeth II. schließlich ein «Royal Pardon», eine königliche Begnadigung, aus. Mit dem angebissenen Apfel war Turing das Schneewittchen der theoretischen Informatik, und dramatisch ist sein Tod ohne jede Frage. Das bewegte Leben von Alan Turing, verfilmt zum Beispiel in *The Imitation Game* mit Benedict

Cumberbatch, hat alles, was ein klassisches Drama braucht. Und die Geschichte ist wahr.

Für noch mehr Drama kann da nur ein Kampf der Giganten sorgen, einer wohlbekannt bis heute, einer völlig verschluckt von der Zeit. Und beide befinden sich ohnehin schon in der Arena: Das Verhältnis von Isaac Newton und Robert Hooke wurde bereits in einem früheren Kapitel kurz angerissen. Beide waren Briten, beide lebten zur gleichen Zeit. Wenn man Physik studiert, kennt man den Namen Hooke vielleicht von einer einzigen Formel, der Formel, die beschreibt, wie eine Feder funktioniert. Zieht man eine Feder zwei Zentimeter auseinander, braucht man dafür doppelt so viel Kraft, als wenn man sie nur einen Zentimeter auseinanderzöge, das besagt das Hooke'sche Gesetz. Hooke hat aber noch viel mehr geleistet.

Als Kind hatte er heftige Kopfschmerzen beim Lernen, weshalb er kein Pfarrer wurde. Alles hatte zunächst in diese Richtung gedeutet: Sein Vater war Priester der örtlichen Kirche, und alle drei Brüder von ihm wurden Pfarrer. Aber die Kopfschmerzen begruben diese Ambitionen. Das passte dem kleinen Jungen äußerst gut – er interessierte sich ohnehin eher für technische Dinge. Er begann zu werkeln, baute bald funktionierende Uhren und zeigte ein herausragendes zeichnerisches Talent. Als Hooke dreizehn Jahre alt war, erkrankte sein Vater schwer und starb. Seinem Sohn hinterließ er gerade mal 40 Pfund. Der Junge wusste, was er mit dem Geld anstellen wollte. Er fuhr nach London zum berühmten Porträtmaler Peter Lely, um bei diesem in die Lehre zu gehen. Dort angekommen, änderte er seine Meinung und fand sich innerhalb kurzer Zeit an der Westminister School wieder, wo er vielleicht *das* naturwissenschaftliche Standardwerk der

Zeit, Euklids *Elemente*, bereits nach der ersten Woche gelesen und verstanden hatte. Schon bald sprach er flüssig Latein, war gelehrt in Geometrie, spielte Orgel und zeichnete seine ersten Flugmaschinen. Der Weg war frei, um in Oxford zu studieren. Dort erfand er im Wesentlichen die moderne Luftpumpe und entwickelte die Technologie von Uhren bedeutend weiter. Das erregte die Aufmerksamkeit der *Royal Society*, die zu dieser Zeit gerade gegründet wurde. Die Vereinigung, die bis heute als älteste Gelehrtengesellschaft zur Pflege der Naturwissenschaften der Welt besteht, benötigte einen Kurator für ihre Experimente; eine Aufgabe, die Hooke auf den Leib geschneidert war. Von da an entwarf, baute und betrieb er jede Woche bis zu vier Experimente. Für jeden anderen hätte die Aufgabe wohl eine vollkommene Überforderung bedeutet, die Kreativität Hookes aber wurde dadurch auf das Äußerste angeregt.

Und selbst damit war er nicht vollkommen ausgelastet. Er hatte zumindest genug Zeit, nebenher das Buch *Micrographia* herauszubringen. Er hatte sich selbst ein Mikroskop gebaut und begonnen, alles darunter zu beobachten, was ihm in die Finger kam. Sein Werk enthielt meisterhafte Kupferstiche von Fliegenaugen, Pflanzenzellen, ein mehrseitig ausklappbares Bild einer Laus, aber auch Rasierklingen und Nadeln, die – so scharf sie den Menschen auch schienen – unter dem Mikroskop stumpf aussahen. Damit aber nicht genug: Im Buch geht es zudem um ferne Planeten, die Wellentheorie des Lichts und die Herkunft von Fossilien – also schlicht um alles, was Hooke gerade so interessierte. Heute finden sich auf Büchern gern Lobpreisungen aus der Presse oder von anderen berühmten Autoren; wäre das damals schon Usus gewesen, hätte sich Hooke das Lob der gesammelten Riege der Naturwissenschaftler auf den Buchrücken packen können. Samuel Pepys, Präsident der *Royal Society*, sagte: «Bevor ich zu Bett ging, saß ich in meiner Kammer bis zwei Uhr nachts wach und las von Mr. Hookes mikroskopischen Beobachtungen, dem geistreichsten Buch, das ich in meinem Leben gelesen habe.» Der Wissenschaftshistoriker und Newton-Spezialist Richard Westfall urteilte 1970: «Micrographia bleibt eines der Meisterwerke der Wissenschaft des 17. Jahrhunderts.»

Hooke arbeitete unermüdlich weiter. Er erfand das konische Pendel, baute als Erster ein sogenanntes Gregory-Teleskop, eine Weiterentwicklung der damaligen Teleskope. Er entdeckte, dass Jupiter um sich selbst rotiert, und baute ein Gerät, um die Eigenrotation der Sonne zu messen. Er zeichnete den Mars so genau, dass die Zeichnungen später wissenschaftlich ausgewertet werden konnten. Doch damit nicht genug. Zeitweise hielt er ganze vier Ämter gleichzeitig inne. Er war Kurator für Experimente der Royal Society, Mitglied der Royal Society und Gresham-Professor für Geometrie – ein Amt, in dem er Vorlesungen für die Öffentlichkeit hielt. Außerdem fungierte er als Beauftragter für den Wiederaufbau von London, nachdem ein großes Feuer große Teile der Innenstadt zerstört hatte. Er entwarf schließlich noch als Architekt Gebäude – auch wenn nur wenige seiner Gebäude überlebten und seine Werke häufig anderen Architekten zugeschrieben werden. Kein Wunder, dass er als der Leonardo da Vinci Englands betitelt wurde. Bei einer derartigen wissenschaftlichen Leistung – die in diesem Kapitel bisher noch nicht mal ansatzweise vollständig beschrieben wurde – muss man sich aber doch fragen: Wie kommt es, dass die Öffentlichkeit heute so wenig über diesen wunderbaren Forscher weiß?

Ganz sicher ist es nicht, aber es könnte zwei Gründe geben. Den Ersten haben wir schon genannt: Isaac Newton. Der zweite Grund hingegen war die Arbeitsweise von Hooke. Gehetzt durch seine vielen Verpflichtungen und als die Person, die er war, hatte er tausend Ideen, an denen er gleichzeitig arbeitete. Er brachte sie aber kaum zu Ende. Er konstruierte kein wissenschaftliches, mathematisches Konstrukt, sondern warf die richtige Idee in die Welt, um sich danach gleich etwas anderem zu widmen. Kein Wunder, dass er sich sehr häufig hintergangen fühlte und der Meinung war, dass ihm Ideen von Forschern gestohlen wurden.

Die erste Idee, die Hooke und Newton in einen Konflikt brachte, war, dass sich Licht wie eine Welle verhält. Hooke schloss dies aus der Betrachtung von Seifenblasen, teilte diese Information mit der Welt und warf sich, wie üblich, in andere Arbeit. Newton war anderer Meinung. Schall war auch eine Welle, warf aber schließlich – anders als Licht – keinen Schatten. Am Ende war es trotzdem Newton, der die Wellenlänge von Licht maß und den Ruhm einsackte. Das führte zu Streit, angetrieben durch den Sekretär der Royal Society, der sich offenbar einen Spaß daraus machte, Konflikte zwischen Forschenden zu schaffen. Einige Jahre, nachdem der Sekretär gestorben war, am 24. November 1679, schrieb Hooke schließlich einen Brief an Newton, in dem er sich für den Konflikt, an dem eigentlich eher der Sekretär schuld war, entschuldigte. Natürlich machte er auch einige Anmerkungen zu seinen neuesten Erkenntnissen. In Europa war gerade die Theorie entstanden, dass die Planeten durch Kreiswinde durch das Weltall getragen und auf ihren Bahnen gehalten würden. Hooke glaubte nicht daran, er war der Meinung, dass sich Massen gegenseitig anziehen. Newton antwortete nach gerade mal vier Tagen, machte aber nicht den Eindruck, als wolle er sich des Problems annehmen: «Meine Affektion der Philosophie gegen-über», schrieb er – und meint mit Philosophie natürlich die Naturwissenschaft –, «ist ein wenig abgenutzt, [...] ich hatte keine Zeit zu philosophischen Überlegungen [...] und in den letzten Jahren habe ich versucht, mich von der Philosophie zu anderen Studien zu bewegen.» Allerdings schlug er ihm ein Experiment vor, das Hooke als geschickter Experimentator durchführen sollte.

Es wurden noch einige Briefe gewechselt, unter anderem kritisierte Hooke einige Ideen Newtons, der wiederum mit einem sehr langen Brief antwortete – denn Kritik konnte Newton nicht ausstehen. Schließlich schrieb Hooke einen letzten Brief, der den zweiten großen Streit auslösen sollte. Zwar war Hooke mathematisch nicht so begabt wie Newton, schlug in dem Brief aber im Wesentlichen die Formel vor, die Newton später als das Gesetz der Gravitation berühmt machen sollte. Hooke leitete nichts her, aber ergänzte noch, Planetenbewegungen mit der Formel abgeschätzt zu haben und mit dem Ergebnis zufrieden zu sein. Vermutlich hoffte Hooke, dass Newton die nötige mathematische Arbeit leisten könnte. Dieser antwortete aber nicht mehr, und Hooke wandte sich wieder seiner alltäglichen Arbeit zu.

Dann veröffentlichte Newton sein Hauptwerk, seine *Principia*. Es enthielt die Formel, die Hooke vorgeschlagen hatte, und auch die Abschätzung der Planetenbewegungen. Nur Hookes Name wurde kein einziges Mal erwähnt. Edmund Halley, ein Freund von Hooke und Newton, fiel das auf. Er versuchte, Newton davon zu überzeugen, Hookes Namen doch wenigstens einmal zu erwähnen. Newton gab nach, benutzte aber einen genialen und recht fiesen Trick: Er schrieb, dass das Gesetz der Gravitation mit Keplers Gesetzen korrespondieren würde, wie «Wren, Hooke und Halley unabhängig voneinander vorgeschlagen» hätten. Wren war ein enger Freund von Hooke und hatte mit ihm beim Wiederaufbau von London zusammengearbeitet, Halley hatte überhaupt vorgeschlagen, Hooke zu erwähnen – durch die Erwähnung verkleinerte Newton also Hookes Rolle nicht nur wesentlich, sondern raubte ihm auch noch die Unterstützung einiger seiner engsten Freunde, indem er sie mit aufzählte. Newton überlebte Hooke deutlich und war deutlich reicher, was verschiedene Quellen spekulieren ließ, ob er so weit ging, das Andenken an Hooke absichtlich zu vernichten. Häufig wird berichtet, dass Newton bei einem Umzug der *Royal Society* Hookes Porträt verschwinden ließ. Allerdings galt Hooke zu allem Überfluss als außerordentlich hässlich, es ist nicht zweifelsfrei nachzuweisen, ob so ein Porträt überhaupt jemals existierte. Dazu war er kein besonders einfacher Charakter, auch wenn er in regem Kontakt mit vielen Zeitgenossen stand.

Die eine Sicherheit ist: Heutzutage kennen selbst Menschen vom Fach Hooke kaum mehr, obwohl er als jemand, der Arbeiten anfing und nie ordentlich fertigbrachte, eigentlich ein hervorragender Schutzheiliger aller Physikstudierenden sein müsste. Er starb 1703 in London.

Kann man also den Kartoffelsalat der Naturwissenschaft mit den Rosenblättern echten Dramas servieren? Ohne Frage. Die zwei Geschichten beweisen das. Die Literaturwissenschaft weiß vielleicht theoretisch, wie das Drama geht, aber in den Naturwissenschaften wird die Theorie lebendig. Drama im Zwischenmenschlichen, ohne ganze Armeen oder fiktionale Bücher dafür zu verwenden: Diese letzte Runde geht nach Punkten an die Naturwissenschaften!

Drama ist das klassische Gebiet der Geisteswissenschaften. Logisch, denn von unserer Seite stammt ja auch die Ecke der Wissenschaft, die überhaupt definiert, was ein Drama eigentlich ist: die Literaturwissenschaft. Man könnte hier jetzt mit dem aristotelischen Drama beginnen und dann beschreiben, wie sich die Dramentheorie über die Jahrhunderte entwickelt hat, aber legen wir die Theorie beiseite und lassen die Spiele beginnen. Kriege, schwere Entscheidungen, vernichtende Niederlagen, Geschichten von Hass und Rache, von Liebe, die den Tod überdauert – stürzen wir uns direkt hinein, Bühne und Ring frei für die dramatischen Geschichten der Geisteswissenschaften! Die Naturwissenschaftler halten die Deckung oben, alle anderen die Taschentücher bereit, denn hier kommen ein paar wirklich dramatische Giganten – es geht schließlich um die Bretter, die die Welt bedeuten.

Um den Ring ist ein Vorhang aufgezogen worden, blutrot, dem Pathos und Drama der geisteswissenschaftlichen Kämpfer absolut angemessen. Es wird kurz still auf den Rängen, die Zuschauer halten den Atem an. Die Stille dauert einige Sekunden, die wie Ewigkeiten scheinen, dann fällt der Vorhang, und die Spannung entlädt sich in begeistertem Gebrüll, als die Fans sehen, wer in dieser Runde für sie in den Ring steigt: die Protagonisten des Nibelungenlieds. Das Nibelungenlied ist eine der ältesten dramatischen Geschichten, die es in der deutschen Literatur gibt. Um Wagner und den ganzen Kram geht es hier erst mal nicht, sondern um das mittelhochdeutsche Original, das vermutlich aus dem 13. Jahrhundert stammt. Die Handlung spielt zur Zeit der Völkerwanderung, also etwa um 500 n. Chr. Es ist ein Epos von gewaltigem Ausmaß und erzählt so viele Geschichten gleichzeitig, dass man hier locker 200 Seiten Handlungszusammenfassung schreiben könnte. Aber in dieser letzten Runde geht's ja um den großen Wurf, den fiesen Haken, der die Naturwissenschaften endgültig auf die Bretter schicken kann.

Das Nibelungenlied erzählt von Macht, Mord, Intrigen, Hass und Verrat. Und das, was alles auslöst: Liebe. Anfangs wird die Heldengeschichte Siegfrieds erzählt – das ist der mit dem Drachenblut, dem dann das Blatt auf die Schulter fällt. Siegfried dient als einer der besten Kämpfer dem Burgunderkönig Gunther. Gunther, ein ziemlicher Schwächling, der vor nahezu allen anderen Figuren des Epos verblasst, schafft es nur heimlich und mit Siegfrieds Hilfe, die Hand der kriegerischen Isländerkönigin Brünhild zu gewinnen. Dabei trägt Siegfried einen Umhang, der unsichtbar macht – Inspiration für J. K. Rowling? Gunther kann seine widerspenstige Braut allerdings nicht dazu bewegen, mit ihm zu schlafen, deswegen hilft Siegfried Gunther letztendlich bei der Vergewaltigung Brünhilds. Mit dem Verlust ihrer Jungfräulichkeit versiegt ihre zuvor enorme körperliche Kraft (nicht gerade feministisch). Siegfried heiratet Gunthers schöne Schwester Kriemhild. Und, da (wieder total feministisch) Frauen ja bekanntlich zanken und den Mund nicht halten können, kommt es zum Streit zwischen den beiden Damen darüber, wer beim Kirchgang als Erste den Dom betreten darf. Ja, wirklich. Letzten Endes genau der gleiche Streit, den es bei *Gossip Girl* darum gibt, wer wo auf den Stufen des Metropolitan Museum of Art in New York sitzt – immer geht's um Macht, darum, wer den Ton angibt. Kriemhild lässt in ihrer Überheblichkeit den Betrug um Brünhild auffliegen. Durch diese Enthüllung ist die Ehre von Brünhild und Gunther in Gefahr – weshalb Hagen von Tronje, der treue und düstere Gefolgsmann Gunthers, Siegfried bei der Jagd ermordet.

Merke: Beim Baden im Drachenblut immer gut aufpassen, dass man komplett darin eintaucht und dann wirklich vollständig unverwundbar ist. Kriemhild schwört daraufhin Rache – und die bekommt sie auch. Zunächst einmal baut sie durch die Heirat mit dem Hunnenkönig Etzel ihre Machtposition aus. Jahre später lädt sie die Burgunder an den Hunnenhof ein – Hagen misstraut ihr (zu Recht), will nicht hingehen, stimmt aber schließlich zu.

Es folgen eine Reihe seltsamer Begegnungen: Drei Meerfrauen sagen Hagen voraus, dass alle Burgunder auf dieser Reise den Tod finden werden – bis auf einen, den Kaplan. Spätestens seit diesem Zeitpunkt lebt Hagen in der Gewissheit, dass kein Burgunder die Heimat wiedersehen wird. Er testet die Prophezeiung der Meerfrauen dann durchaus wissenschaftlich, indem er ihren Spruch als Hypothese überprüft. Hagen stößt den Kaplan aus dem Boot in den Fluss, und dieser schafft es tatsächlich, sich zurück ans Ufer zu retten. Die Prophezeiung erfüllt sich, aber Hagen geht noch einen Schritt weiter. Am anderen Ufer angelangt, haut er die Boote der Burgunder zu Kleinholz. Warum? Um sicherzugehen, dass niemand mehr umkehren kann. Ein verdammt hoher Preis für etwas so Ungreifbares wie Ehre? Ja, heute ein absurder, fatalistischer Preis. Als Topos der Literaturgattung der Heldenepik aber absolut typisch: Der Held fügt sich, dem Untergang gewiss, in sein Schicksal. In den 30er und 40er Jahren des 20. Jahrhunderts in Deutschland, aus der Zeit gegriffen und mit einer Kombination von Faschismus mit hasserfüllter Ideologie angewendet, war das natürlich ein Rezept für ein Desaster.

Bei den Burgundern folgt nun eine arrangierte Ehe, um ein Bündnis zu sichern (die Politik hier macht *House of Cards* Konkurrenz). Am Hunnenhof angekommen, folgt Provokation auf Provokation, bis es kommt, wie es kommen muss, und das Ganze in einem Blutbad endet. Etzels und Kriemhilds Sohn wird von Hagen getötet, dann beginnt die wahre Schlachtplatte. Am Ende sind alle Burgunder bis auf Gunther und Hagen tot, der Saal brennt, Kriemhild tötet ihren Bruder nach einer weiteren Provokation durch Hagen. Sie vollendet ihre Rache, indem sie ihn eigenhändig köpft – eine Anmaßung für eine Frau, weshalb sie von Hildebrand erschlagen wird.

Nun kann man natürlich fragen, warum uns ein so alter Text wie das Nibelungenlied heute noch beschäftigen soll, warum die Geschichten, die es erzählt, nicht einfach vergessen werden können. Weil wir durch Literatur etwas über vergangene Zeiten lernen und in Kulturen eintauchen können, die längst untergegangen sind. Weil es Detektivarbeit ist, herauszufinden, warum das Nibelungenlied sich in manchen Punkten selbst widerspricht – eine Folge aus der Vermischung alter nordischer Sagenkreise miteinander oder Absicht des unbekannten Verfassers?

Das Nibelungenlied zeigt Spannungsfelder auf, gewährt uns Einblicke in tiefe Gefühle einer uns heute fremden Welt, wirft in diesem Kontext moralische Fragen auf: Was ist am Ende wichtiger, Vasallentreue oder Kriegertreue? Die Figuren sind nicht nur gut oder böse. Sie haben Graustufen – Hagen ist dafür das beste Beispiel. Geschichten von Liebe und Hass sind so alt wie die Menschheit selbst. Und so hat auch dieser 800 Jahre alte Text immer noch etwas an sich, das uns fesselt, das uns zum Nachdenken bringt. Am Ende ist diese Erzählung aber vor allem eines: verdammt spannend.

Bücher bewegen Menschen – und das manchmal mehr, als man sich vorstellen kann. Bestes Beispiel: einer der bekanntesten Bestseller des 18. Jahrhunderts, Goethes *Die Leiden des jungen Werther*. Mit dem Herzschmerz Werthers beschäftigen sich Schüler noch heute, er darf im Deutschunterricht nicht fehlen. Das ist sogar ganz passend, denn Werthers Qualen unerwiderter Liebe zur schönen, aber schon vergebenen Lotte dürften den meisten hormonstrotzenden Jugendlichen ein Begriff sein.

Literatur zum Nachfühlen also? Auf jeden Fall. Nur endet der Roman anders als (hoffentlich) die große Mehrheit jugendlicher Schwärmereien, die nicht erwidert werden: Werther gibt sich den Qualen der unerwiderten Liebe ganz hin, ertrinkt auf merkwürdig heroisch anmutende Weise darin und erschießt sich schließlich – ein letzter Akt des Protests? Das ist Auslegungssache. Am Ende des Romans steht aber sicher der einzige, fatale Ausweg einer gequälten Seele. Als der Roman 1774 erschien, gingen einige Leser genau diesen letzten, extremen Weg mit der Hauptfigur mit: Auf Goethes Roman folgte der sogenannte Werther-Effekt, eine Reihe von Selbstmorden, bei denen junge Männer ihrem literarischen Helden nacheiferten. In Werthers Kleidung, die Textstelle teilweise gekonnt in Szene gesetzt, in derselben Position am Schreibtisch erschossen sie sich genau wie der unglückliche Werther.

Wie hoch die Anzahl der Selbstmörder nach Werthers Vorbild tatsächlich war, ist umstritten. Manche Forscher sprechen von einer Welle, andere von einer hohen Dunkelziffer, wieder andere nur von wenigen Einzelfällen. Bis das geklärt ist – falls es denn je geklärt werden kann – können wir auf einen Hinweis aus der Psychologie zurückgreifen: Es hat einen Grund, dass die seriöse Presse in Deutschland eigentlich nicht über prominente Selbstmorde berichtet. Und wenn doch, dann findet sich am Ende des Artikels oft eine Notrufnummer und die Bitte, sich an diese Stelle zu wenden, wenn man sich selbst gefährdet fühlt. Das hat einen guten Grund: Prominente Selbstmörder finden Nachahmer. Die Zahl der Selbstmorde steigt nachweislich, nachdem die Medien detailliert über den Selbstmord einer prominenten Person berichtet haben. Es ist sehr wahrscheinlich, dass der *Werther*, der eine literarische Sensation war, einen ähnlichen Effekt hatte. Nun war es zu Goethes Zeiten nicht üblich, eine Suizid-Präventionsmitteilung auf die letzte Buchseite zu schreiben. Obwohl Lessing das sogar vorgeschlagen hatte – er bemängelte, dem Roman fehle eine «kalte Schlußrede». Goethe müsse erklären, wie Werther zu dem wurde, der er war, und wie ein junger Mann sich vor einem solchen Weg schützen könne.

Nicht jeder Text mit dieser Thematik treibt zwangsweise Menschen in den Selbstmord. Daher ist der zeitliche Kontext, in dem der *Werther* erschien, relevant, genau wie die Prominenz des Werkes. Werthers «Leiden», das man heute vermutlich als Depression bezeichnen würde, traf das Lebensgefühl der Zeit. Im «Sturm und Drang» – einer literarischen Bewegung junger Dichter und Schriftsteller, die sich gegen das Rationale der Aufklärung wandte und der der *Werther* zugeordnet wird – ging es darum, sich selbst auszuleben. Werther, dessen Sprache gewaltig, blumig, intensiv und qualvoll zugleich ist, strotzt nur so vor Emotion. Es ist genau das, was er Lottes Verlobtem in einem Gespräch klarmachen will:

«Die menschliche Natur [...] hat ihre Grenzen: sie kann Freude, Leid, Schmerzen bis auf einen gewissen Grad ertragen und geht zugrunde, sobald der überstiegen ist. Hier ist also nicht die Frage, ob einer schwach oder stark ist, sondern ob er das Maß seines Leidens ausdauern kann, es mag nun moralisch oder körperlich sein. Und ich finde es ebenso wunderbar zu sagen, der Mensch ist feige, der sich das Leben nimmt, als es ungehörig wäre, den einen Feigen zu nennen, der an einem bösartigen Fieber stirbt».

Selbstmord ist für Werther also keine Feigheit, sondern die Folge einer Krankheit der Seele, die verzweifelt und überwältigt ist. Depression als Krankheit des Geistes – das scheint erstaunlicherweise fortschrittlicher als so manche heutige Auffassung von Depressionen. Die Wucht der persönlichen Tragödie Werthers wirkt bis heute nach, wenn auch glücklicherweise abgeschwächter als zu Goethes Zeit. Das Thema ist heute so kontrovers wie damals, als es auch von Zeitgenossen bereits heftig diskutiert wurde. Aber die Macht, die diese Geschichte entwickelte, und das Tragische aus Buchseiten, das in der Realität solche Resonanz fand, genügt noch heute locker für einen klaren Wirkungstreffer.

Dass die Geschichtswissenschaft mit Beziehungsdramen, Verrat und Intrigen, Machtstreben, dem Untergang einst mächtiger Familien und Reiche und natürlich Blutvergießen in rauen Mengen mehr als genug Drama zu bieten hat, haben wir ja in den vorigen Runden schon gesehen. Die Niederlagen auf dem Schlachtfeld sind aber viel mehr als bloße Zahlen, die wir in der Schule pauken mussten (333, bei Issos Keilerei und so weiter ...), sondern sie beeinflussten als historische Ereignisse noch Jahre später Beziehungen zwischen Ländern, Personen und das Verhältnis der Menschen zum eigenen Land. Das ist es, worum es den meisten Historikern geht: Zahlen auswendig lernen kann nämlich jeder. Gegen profunde Zahlenkenntnisse im jeweiligen Fachgebiet ist an sich auch gar nichts einzuwenden, aber was jeden Historiker freut, ist etwas anderes: ins

Detail zu gehen, sich in eine Quelle zu verbeißen – und dann vielleicht festzustellen, dass diese Quelle (in verschiedenem Maße natürlich) tiefgreifende Auswirkungen hatte, die über ihre Entstehungszeit hinausgehen. Manchmal führt das zu einem großen Wurf, zur Offenlegung der Verbindungen, die uns heutige Politik und internationale Beziehungen viel verständlicher machen. Das ist natürlich der Traum eines jeden Geschichtswissenschaftlers. Doch zurück zum Drama!

Eine große Tragödie, vielleicht die größte Tragödie der schottischen Geschichte (die zumindest heute als solche empfunden wird), war die Schlacht auf Culloden Field. Hier sollte sich entscheiden, ob Schottland sich nach jahrhundertelangen Scharmützeln mit seinen südlichen Nachbarn der englischen Herrschaft und dem Haus Hannover würde beugen müssen – oder ob es als eigenes Land unter Herrschaft der Stuarts bestehen konnte. Gleich vorweg: Die Schotten waren glücklos. Im April 1746 siegten die englischen Truppen von König George II. unter Führung seines Sohnes Prinz William, dem Herzog von Cumberland, über die Jakobiten, die sich Prinz Charles Edward Stuart oder kurz Prinz Charlie angeschlossen hatten. Die Jakobiten wollten die Stuarts zurück auf den englischen, schottischen und irischen Thron bringen – ein Versuch, der mit der vernichtenden jakobitischen Niederlage in der Moorlandschaft von Culloden endgültig gescheitert war. Nicht einmal vierzig Minuten soll der Kampf gedauert haben. Die Jakobiten verloren nach Schätzungen 1500 bis 2000 Mann, die Seite des Königs lediglich um die 300. Woran es lag, dass die Jakobiten eine derart harte Niederlage erlitten, wird in der Forschung noch immer diskutiert. Einige Wissenschaftler berufen sich hier auf den unterschiedlichen Fokus bei Angriffen, der in beiden Armeen gesetzt wurde: Während die Jakobiten sich auf einen direkten Infanterieangriff verließen, konzentrierten sich die Truppen des Herzogs von Cumberland auf schwere Artillerie – womit sie in der sumpfigen Landschaft Cullodens im Vorteil waren. Für den Angriff der Highlander zu Fuß bot Culloden Field die denkbar schlechtesten Voraussetzungen. Hier muss man allerdings aufpassen. Die romantische Vorstellung von den Claymore (ein schottisches Schwert) schwingenden Highlandern, die gegen eine Hightech-Armee anrannten, ist wohl vor allem eins: eine gute Geschichte. Dabei ist eine solche Romantisierung gar nicht nötig, denn die tatsächlichen Ereignisse bieten bei weitem genug Drama: Charles musste sich verstecken, floh zunächst auf die Isle of Skye (obwohl die Überfahrt und Charles' Wesen wohl sehr viel weniger romantisch waren, als es das populäre Volkslied *Skye Boat Song* vermuten lässt) und dann nach Frankreich. Woran lag es also letztes Endes? An der Arroganz und militärischen Unerfahrenheit von «Bonnie Prince Charlie», wie er heute noch besungen wird? Am Moor, an der Ausrüstung?

Vermutlich war eine Mischung aus allem für die Niederlage der Jakobiten verantwortlich. Aber Culloden war viel mehr als die Niederlage eines Königshauses im 18. Jahrhundert. Es wurde zum integralen Bestandteil des schottischen Nationalgefühls – ein Phänomen, das in der Geschichte oft beobachtet werden kann. Aus Niederlagen werden Helden und Märtyrer geboren, die in der kollektiven Erinnerung zum Symbol von Opferbereitschaft und Mut eines Landes selbst werden. Der Ort einer militärischen Niederlage wird zur fast schon heiligen Stätte für eine längst verlorene Sache. Derartige nationale Mythen und Narrative finden sich in vielen Ländern. In Israel ist es beispielsweise Masada, die belagerte jüdische Festung auf einem majestätischen Felsplateau, deren Bewohner sich laut Josephus 73 n. Chr. am Ende des Jüdischen Krieges lieber von den Stadtmauern stürzten, als von den Römern besiegt zu werden. So wird eine Niederlage zum moralischen Sieg, der Tod der Opfer zum Triumph, zu einem ehrenhaften Akt der Verteidigung. Die Aufopferung für eine «gerechte Sache» entspricht der klassischen Helden-Metaphorik und wird daher seit Jahrhunderten gern bei der Entstehung von Gründungsmythen, Propaganda und kollektiver Erinnerung verwendet. Natürlich eignen sich auch eindeutige Siege zur Bildung eines kollektiven Gedächtnisses: So verhält es sich in Gettysburg in den USA. Der Sieg der Nordstaaten in Gettysburg wird als einer der Wendepunkte im Amerikanischen Bürgerkrieg gesehen, der mit der Niederlage der Südstaaten und der Abschaffung der Sklaverei endete. Gettysburg war eine der blutigsten Schlachten in der Geschichte der USA. Die *Gettysburg Address* (1863) von Abraham Lincoln bei der Einweihung eines Soldatenfriedhofs auf dem Schlachtfeld selbst ist eine der weltweit wohl berühmtesten Reden, auch wenn sie kaum mehr als zwei Minuten gedauert haben kann. Darin definiert er das Demokratieverständnis und die Bedeutung der Freiheit für Amerika – wenige Worte mit nachhaltiger Wirkung. Die *Gettysburg Address* wird noch heute in amerikanischen Schulen gelesen und sogar auswendig gelernt und ist mit einer Erwähnung in *Gossip Girl* (obwohl sie dort vor allem von einer schwierigen Beziehung ablenken soll) nun endgültig in der Popkultur angekommen. Umgedreht wurde ebenso ein Schuh draus: Als *lost cause* (in etwa «verlorene Sache») wurde die Niederlage der Konföderation zum heroischen Kampf für die südstaatliche Lebensart stilisiert – eine Reaktion auf Frust und Verbitterung im Anschluss an den Sieg der Unionisten und zudem rassistisch geprägt.

Nationale Identitäten fallen nicht vom Himmel, sie werden geschaffen – durch kollektive Erinnerung an Geschehnisse in der Vergangenheit, die die eigene Identität gegenüber anderen Gruppen oder Ländern abgrenzen. Oft wird in diesem Zusammenhang an den Schauplätzen der Niederlagen der Gefallenen gedacht, der materielle Ort der Erinnerung ist also ebenfalls relevant. Nur durch das Studium vergangener Tragödien können wir unsere heutige Welt verstehen, nur so können Beziehungen zwischen Ländern funktionieren. Man wünschte sich, manch ein Politiker (oder *Spiegel Online*-Kommentator) hätte mal das eine oder andere Geschichtsbuch in die Hand genommen.

Die Geisteswissenschaften sind die Wissenschaften, die sich mit dem Ursprung aller menschlichen Gefühle und Geschichten beschäftigen, mit dem menschlichen Geist, dem menschlichen Wesen. Sie sind es, die die großen und kleinen Geschichten der Menschheit erzählen, sie in einen größeren Kontext einordnen und uns damit helfen, unsere heutige Zeit besser zu verstehen. Das ist der letzte Schlag, der die Naturwissenschaften ausknockt und in die Seile befördert – und das auf höchst dramatische Weise.

➤ And the winner is … ★

Ein guter Kampf war es, schweißtreibend und geführt mit harten Bandagen! Zeit für eine Kampfbilanz. Wer ist k. o. gegangen, wer leckt seine Wunden? Wird Einstein gerade noch mit schwirrender Birne auf einer Bahre abtransportiert, während die Diadochen ausgelassen ihren Sieg feiern? Oder machen Marie Curie und ihre Tochter Irène Party, während das zerfledderte Nibelungenlied schlaff in der Ecke liegt und nach Luft schnappt?

Die Zuschauer verlassen heftig diskutierend die Arena – technischer Knockout durch die Naturwissenschaften oder Kantersieg für die Geisteswissenschaftler? Gibt es am Ende dieser Runden überhaupt einen eindeutigen Gewinner? Man erinnert sich an eine Szene während des Kampfes, ein Nebenschauplatz eigentlich, der plötzlich enorm bedeutsam scheint. Newton hatte auf der Bank fuchsteufelswild auf den Trainer eingeredet. Eine Quelle aus dem Umfeld des Teams ließ verlauten, dass Newton die Einordnung als «reiner» Naturwissenschaftler nicht gepasst habe, er hätte auch gern bei den Geisteswissenschaften mitgemischt. Man kann ihn ja auch verstehen: Er war nicht bloß Physiker, nicht nur der Typ mit dem fallenden Apfel. Es ging ihm um viel mehr: um eine allgemeine Beschreibung der Welt. Er verfasste Traktate zur Alchemie und zur Theologie, war als Naturphilosoph an allem interessiert, was das Menschliche und die Natur beschrieb. Goethe wiederum war nicht bloß der Literat, der Schreiberling. Er war Politiker, versiert in Mineralogie, Zoologie, Botanik, Chemie, Optik, Farbenlehre und Glasherstellung, ein begabter Beobachter, der unter anderem als Erster den sogenannten Zwischenkieferknochen entdeckte, der auch manchmal Goethe-Knochen genannt wird. Die Trennung zwischen Geistes- und Naturwissenschaftlern, die heute so klar zu verlaufen scheint, bestand lange Zeit nicht. Noch am Anfang des 20. Jahrhunderts war es selbstverständlich, dass sich die Größen der Physik auch wissenschaftsphilosophisch zu äußern hatten.

Kaum betrachtet man ein Thema aus der Nähe, wird es plötzlich enorm schwierig, es eindeutig einem der beiden Lager zuzuordnen. Das fängt schon bei den Disziplinen an. Die Mathematik hat sich in diesem Buch eindeutig auf die Seite der Naturwissenschaften geschlagen, aber nicht ohne Zähneknirschen – denn eigentlich ist sie ein Gedankenmodell, das nicht auf der Natur, sondern auf der menschlichen Logik basiert. Gehört Logik aber nicht eigentlich in den Bereich der Philosophie? Die Mathematik kann man als Naturwissenschaft sehen – aber auch als rein theoretisches geisteswissenschaftliches Modell. Und vielleicht muss sich das gar nicht gegenseitig ausschließen. Genauso ist die Zuordnung des Buchdrucks zu den Geisteswissenschaften alles andere als eindeutig. Er machte den Siegeszug der Reformation erst möglich; er prägte unsere Art und Weise, Geschichten zu erzählen, erlaubte es, unser Wissen auch späteren Generationen in verlässlicher Form zu überliefern; und nicht zuletzt hat er den Umgang mit dem Medium Buch revolutioniert. Doch war die Grundlage von alledem nicht eigentlich eine technische Erfindung? Ohne die Entwicklung der Buchpresse wäre alles vermutlich ganz anders gekommen.

Aber ist der Buchdruck dann nicht ein Fall für die Technikgeschichte?

Und da wäre dann noch die Sache mit der sagenhaften Idee, dass es so etwas wie einen Stein der Weisen geben könnte, um unedle Materialien in Gold zu verwandeln – ein Versprechen unermesslichen Reichtums, das eine ganze Disziplin begründete, die Alchemie. Der Stein der Weisen entspringt aber eindeutig dem Stoff aus Legenden und ist somit den Geisteswissenschaften zuzuordnen. Die setzen sich nämlich mit Folklore, Erinnerungskultur und Literaturanalyse auseinander. Andererseits erreichte die Alchemie zwar nie ihr großes Ziel, den sagenhaften Stein herzustellen, aber sie brachte letztlich quasi nebenher die Chemie hervor.

Und war schließlich nicht jedes Kapitel der Naturwissenschaften auch eines über die Geschichte der Naturwissenschaft, was wiederum unter die Rubrik der Geisteswissenschaften fällt? Es scheint fast ein bisschen wie früher im Sportunterricht: Die beiden Trainer – die Geisteswissenschaftlerin, der Naturwissenschaftler – sehen alle Kandidaten für ihre Teams vor sich sitzen und müssen ihre Spieler auswählen. Aber ob die Viersäftelehre ins Team Naturwissenschaften passt oder lieber für das Team der Geisteswissenschaften antreten sollte, ist überhaupt nicht klar.

Und war nicht ursprünglich ohnehin alles Philosophie? Die Menschen suchten nach dem Kern der Dinge, sie wollten die Zusammensetzung der Welt und das menschliche Dasein verstehen. Dazu muss man Muster und Zusammenhänge erkennen können. Das ist ja aber das Ziel aller Disziplinen, egal, ob es um längst untergegangene Zivilisationen oder die Struktur eines Elektrons geht. Und dieses Ziel macht nicht vor menschengemachten Grenzen zwischen verschiedenen Disziplinen halt, denn die Trennung der beiden Lager ist vor allem eines: komplett künstlich. Die Kluft, die sich in den letzten Jahrzehnten aufgetan hat, ist sinnlos – es wird Zeit für eine Brücke. Wer wirklich den Anspruch hat, ein möglichst gutes, differenziertes und vollständiges Bild von der Welt zu haben, der muss beide Sichtweisen auf die Welt berücksichtigen, die geisteswissenschaftliche genauso wie die naturwissenschaftliche. Und das bedeutet, der anderen Seite zuzuhören. Und sie, wo nötig, um Hilfe zu fragen. Oder nach ihrer Meinung – denn manchmal ist ein Perspektivwechsel nötig, um weiterzukommen.

Und genau das haben wir gemacht – Geschichten aus «unseren» Lagern erzählt, interessante Anekdoten und Fakten aus dem Fundus unserer wissenschaftlichen Disziplinen ausgepackt. Und dabei gemerkt, dass wir, Reagenzglas oder Papyrus in der Hand, uns ähnlicher sind als anfangs gedacht.

★ Quellen ★

* Abegg, Tilmann u. Koch, Oliver: Putzfrau zerstört 800 000-Euro-Kunstwerk, in: *RuhrNachrichten.de*, 3.11.2011.
* Acocella, Joan: The forbidden world, in: *The New Yorker*, 25.09.2008.
* Adut, Ari: A Theory of Scandal: Victorians, Homosexuality, and the Fall of Oscar Wilde, in: *American Journal of Sociology*, Vol. 111, No. 1 (2005), S. 213–248.
* Aitken, Robert et al.: Sir Edward Carson Cross-Examines Oscar Wilde, in: *Litigation*, Vol. 30, No. 3 (2003), S. 51–67.
* Alexander, Rajani: Oscar Wilde: A Sense of History, in: *India International Centre Quarterly*, Vol. 11, No. 1 (1984), S. 75–80.
* Allen, Garland E.: Mendel and modern genetics: the legacy for today, in: *Endeavour*, Vol. 27, No. 2 (2003).
* Amberger, Annelies: Reichskleinodien und Hakenkreuz: Heilige Insignien und bildhafte Symbole im Dienste der Nationalsozialisten, in: *Marburger Jahrbuch für Kunstwissenschaft*, Vol. 38 (2011), S. 271–334.
* Arnol'd, V. I.: Huygens and Barrow, Newton and Hooke, Basel 1990.
* Babb, James T.: William Beckford of Fonthill, in: *The Yale University Library Gazette*, Vol. 41, No. 2 (1966), S. 60–69.
* Bachrach, Bernard S.: On the Origins of William the Conqueror's Horse Transports, in: *Technology and Culture*, Vol. 26, No. 3 (1985), S. 505–531.
* Barlow, Philip L.: Joseph Smith's Revision of the Bible: Fraudulent, Pathologic, or Prophetic?, in: *The Harvard Theological Review*, Vol. 83, No. 1 (1990), S. 45–64.
* Barrett, Anthony A.: Agrippina, Mother of Nero, London 1996, S. 181.
* Barrett, Anthony A.: Agrippina: Sex, Power, and Politics in the Early Empire, New Haven 1998.

* Bayerische Landesbibliothek Online: Quellen zu Leben und Zeit Ludwigs II., siehe: www.bayerische-landesbibliothek-online.de/lud wigii-quellen#1886.

* Bearman, C. J.: An Examination of Suffragette Violence, in: *The English Historical Review*, Vol. 120, No. 486 (2005), S. 365–397.

* Beauchamp, Christopher: Who Invented the Telephone? Lawyers, Patents, and the Judgements of History, in: *Technology and Culture,* Vol. 51 (2010).

* Blain, Bodil B.: Melting Markets: The Rise and Decline of the Anglo-Norwegian Ice Trade, in: *Working Papers of the Global Economic History Network,* No. 20 (2006).

* Bösch, Frank: Mediengeschichte. Vom asiatischen Buchdruck zum Fernsehen, Frankfurt/New York 2011.

* Brock, Thomas: Wunderwaffen aus dem Kloster, in: *Süddeutsche Zeitung*, 30. 07. 2014.

* Bullough, Bonnie et al.: Cross-Dressing, Sex, and Gender. Philadelphia 1993.

* Carney, Elizabeth: The Politics of Polygamy: Olympias, Alexander and the Murder of Philip, in: *Historia*: *Zeitschrift Für Alte Geschichte* Vol. 41, No. 2 (1992), S. 169–89.

* Castle, William, Drinker, Cecil et al.: Necrosis of the Jaw, in: *Journal of Industrial Hygiene,* Vol. 7 (1925).

* Catania, Basilio: Antonio Meucci: How electrotherapy gave birth to telephony, in: *European Transactions on Telecommunications,* Vol. 14 (2003).

* Coe, Lewis: The Telephone and its Several Inventors: A History, Jefferson 2016.

* Copeland, B. Jack: The Essential Turing, Oxford 2004. Coping with Exogenous Shocks in the Late Sixteenth and Early Seventeenth Centuries, in: *The Medieval History Journal*, No. 10 (2007), S. 33–73.

* Cowell, Alan: After 350 Years, Vatican Says Galileo Was Right: It Moves, in: *The New York Times*, 10. 10. 1992.

* Demhardt, Imre Josef: Alfred Wegener's Hypothesis on Continental Drift and Its Discussion, in: *Polarforschung,* Vol. 75 (2006).
* Dew, Charles B.: How Samuel E. Pittman validated Lee's «Lost Orders» prior to Antietam: A Historical Note, in: *The Journal of Southern History*, Vol. 70, No. 4 (2004), S. 865–870.
* Die Kinder der Moderne, in: *Cicero*, siehe: cicero.de/salon/die-kinder-der-moderne/44365.
* Dlugaiczyk, Martina: Fälschung, Plagiat und Kopie: Künstlerische Praktiken in Mittelalter und Früher Neuzeit, in: *H-Net Reviews* (Juli 2013).
* Dronsfield, Alan u. Ellis, Pete: Radium – a key element in early cancer treatment, in: *Education in Chemistry* (2011).
* Edgington, Brian: Waterton: A Biography, Cambridge 1996.
* Edison, Thomas A.: The Dangers of Electric Lighting, in: *The North American Review,* Vol. 149 (1889).
* Einstein, Albert: Bemerkung zu Abrahams vorangehender Auseinandersetzung «Nochmals Relativität und Gravitation», in: *Annalen der Physik* (1912).
* Farmelo, Graham: Der seltsamste Mensch, Berlin 2016.
* Fesler, James W.: The Commemoration of Antietam and Gettysburg, in: *The Indiana Magazine of History*, Vol. 35, No. 3 (1939), S. 237–260.
* Fick, Monika: Lessing-Handbuch, Stuttgart 2004.
* Fischler, Susan: Social Stereotypes and Historical Analysis: The Case of the Imperial Women at Rome, London 1994.
* Flügge, Manfred: Das Jahrhundert der Manns, Berlin 2015.
* Foley, John Miles: Macpherson's Ossian: Trying to Hit a Moving Target, in: *The Journal of American Folklore*, Vol. 115, No. 455 (2002), S. 99–106.
* Forrest, Brett: Searching for Grigori Perelman, Russia's reclusive maths genius, in: *The Telegraph*, 22. 08. 2012.
* Fourcroy, Antoine F. de und Vauquelin, Louis-Nicolas: Anmerkungen zu Versuche mit künstlicher Kälte, in: *Annalen der Physik,* Vol. 2 (1799), S. 107–118.

* Fowler, Michael: Historical Beginnings of Theories of Electricity and Magnetism, in: *Recuperado el* (1997).
* Gessen, Masha: Perfect Rigour, Boston 2009.
* Ginsburg, Judith: Representing Agrippina: Constructions of Female Power in the Early Roman Empire, Oxford 2006.
* Glover, Richard: English Warfare in 1066, in: *The English Historical Review*, Vol. 67, No. 262 (1952), S. 1–18.
* Goez, Werner: Canossa als *deditio*?, in: *Studien zur Geschichte des Mittelalters*. Hg. v. Matthias Thumser u. a., Stuttgart 2000.
* Gold, John R. u. Margaret Gold: The Graves of the Gallant Highlanders. Memory, Interpretation and Narratives of Culloden, in: *History and Memory*, Vol. 19, No. 1 (2007), S. 5–38.
* Grant, Kevin: British Suffragettes and the Russian Method of Hunger Strike, in: *Comparative Studies in Society and History*, Vol. 53, No. 1 (2011), S. 113–143.
* Greenstone, Gerry: The history of bloodletting, in: *British Columbia Medical Journal,* Vol. 52, No. 1 (2010).
* H. RES. 269, Resolution of the House of Representatives.
* Hampton, Valerie D.: Viking Age Arms and Armor Originating in the Frankish Kingdom, in: *The Hilltop Review,* Vol. 5 (2011).
* Harvey, A. D.: Prosecutions for Sodomy in England at the Beginning of the Nineteenth Century, in: *The Historical Journal*, Vol. 21, No. 4 (1978), S. 939–948.
* Haugen, Kristine Louise: Ossian and the Invention of Textual History, in: *Journal of the History of Ideas*, Vol. 59, No. 2 (1998), S. 309–327.
* Herrick, George H.: Fabulous Fonthill, in: *College Art Journal*, Vol. 12, No. 2 (1953), S. 128–131.
* Hoffman, Paul: The Man Who Loves Only Numbers, in: *The Atlantic Monthly*, November 1987.
* Holmes, Robert W. III: The Cultural History of Radium Medicines in America, Austin 2010.
* Horzinek, Marian C.: The birth of virology, in: *Antonie van Leeuwenhoek*, Vol. 71 (1997).

* Hovis, Corby R. und Kragh, Helge: Paul Dirac und das Schöne in der Physik, in: *Spektrum der Wissenschaften*, 01. 07. 1993.
* Jack, Belinda: George Sand. A Woman's Life Writ Large, siehe: www.nytimes.com/books/first/j/jack-sand.html.
* Jasper, Willi: Carla und ihre Brüder, in: *Die Zeit*, 22. 07. 2010.
* Jessen, Jens: Alles abgeschrieben, in: *Die Zeit*, 30. 07. 2009.
* Johanson, Donald C.: Anthropologists: The Leakey Family, in: *Time*, 29. 03. 1999.
* Jordan, Ruth: George Sand. Die große Liebende, München 1983.
* Jourdain, Philip E. B.: The Principles of Mechanics with Newton from 1679 to 1687, in: *The Monist*, Vol. 24, No. 4 (2014).
* Kaeser, Eduard: Warum falsche Vorstellungen nicht aussterben, in: *NZZ*, 29. 09. 2016.
* Kennedy, Maev: 1,000 years on, perils of fake Viking swords are revealed, in: *Guardian*, 27. 12. 2008.
* Kennelly, Arthur E.: Biographical Memory of Thomas Alva Edison, in: *Biographical Memoirs of the National Academy of Sciences*.
* Kenworthy, Lane und Malami, Melissa: Gender Inequality in Political Representation: A Worldwide Comparative Analysis, in: *Social Forces*, Vol. 78, No. 1 (1999), S. 235–268.
* Kesting, Marianne: Bertolt Brecht in Selbstzeugnissen und Bilddokumenten, Hamburg 1959, S. 47–48.
* Kettering, Charles F.: A Tribute to Thomas Midgley, in: *Industrial & Engineering Chemistry* (1944).
* Klemperer, Victor: LTI. Notizbuch eines Philologen, Stuttgart 2007.
* Knipp, Kersten: «Auflösung der Natur, Auflösung der Geschichte», Deutschlandfunk, 10. 09. 2002.
* Köhler, Peter: Die kuriosesten Fälschungen aus Kunst, Wissenschaft, Literatur und Geschichte, München 2015.
* Korn, Benjamin: Das schwarze Schiff des Satans, in: *Tagesspiegel*, 09. 10. 2016.
* Krishnaswami, Alladi u. Krantz, Steven: Reflections on Paul Erdös on His Birth Centenary, in: *Notices of the AMS*, Februar 2015.

* Leslie, Stuart W.: Thomas Midgley and the Politics of Industrial Research, in: *The Business History Review,* Vol. 54, No. 4 (1980).

* Lessing, Gotthold Ephraim: Briefe, die neueste Literatur betreffend, hrsg. v. Karl-Maria Guth, Berlin 2014.

* Lutteroth, Johanna: Skandal um Beuys-Badewanne: Gescheuerte Kunst, in: *Spiegel Online,* 9. 12. 2011.

* McDonald, Donald G.: The Nobel Laureate versus the Graduate Student, in: *Physics Today* (2001).

* Midgley, Thomas und Henne, Albert L.: Organic Fluorides as Refrigerants, in: *Industrial and Engineering Chemistry,* Vol. 22, No. 5 (1930).

* Nänny, Max: Charles Waterton: Exzentriker und Naturforscher, in: *Kulturelle Monatsschrift,* 1961.

* Neue Gesellschaft für bildende Kunst NGBK (Hg.): Inszenierung der Macht. Ästhetische Faszination im Faschismus, Berlin 1987.

* Nobel Price: Fritz Haber – Biographical, siehe: http://www.nobel prize.org/nobel_prizes/chemistry/laureates/1918/haber-bio.html.

* Osborne, Harold S.: Biographical Memory of Alexander Graham Bell, in: *Biographical Memoirs of the National Academy of Sciences.*

* Parker, Geoffrey: Global Crisis: War, Climate Change and Catastrophe in the Seventeenth Century, New Haven 2013.

* Parker, Geoffrey: Lessons from the little ice age, in: *The New York Times,* 22. 03. 2014.

* Paxton, Pamela et al.: The International Women's Movement and Women's Political Representation, 1893–2003, in: *American Sociological Review,* Vol. 71, No. 6 (2006), S. 898–920.

* Penrose, Roger: The Road to Reality: A Complete Guide to the Laws of the Universe, New York 2006.

* Perelman, Grisha: The entropy formula for the Ricci flow and its geometric applications, arXiv:math/0211159v1, 11. 11. 2002.

* Peter, Hermann et al.: Wahrheit und Kunst Geschichtsschreibung und Plagiat im klassischen Altertum, Leipzig 1911.

* Pfister, Christian: Climatic Extremes, Recurrent Crises and Witch Hunts: Strategies of European Societies in Coping with Exogenous

Shocks in the Late Sixteenth and Early Seventeenth Centuries, in: *The Medieval History Journal*, Vol. 10, No. 1–2 (2006).

* Phil, Leigh: Lee's Lost Order, in: *New York Times*, 12. 09. 2012.
* Pray, Leslie A.: Discovery of DNA structure and function: Watson and Crick, in: *Nature Education* (2008).
* Ramirez, Francisco O. et al.: The Changing Logic of Political Citizenship: Cross-National Acquisition of Women's Suffrage Rights, 1890 to 1990, in: *American Sociological Review*, Vol. 62, No. 5 (1997), S. 735–745.
* Reudenbach, Bruno und Steinkamp, Maike (Hg.): Mittelalterbilder im Nationalsozialismus, Berlin 2013.
* Ritner, Robert K: The Breathing Permit of Hôr' Among the Joseph Smith Papyri, in: *Journal of Near Eastern Studies*, Vol. 62, No. 3 (2003), S. 161–180.
* Scerri, Eric R.: The Evolution of the Periodic System, in: *Scientific American* (1998).
* Schröder, Reinald: Welteislehre, Ahnenerbe und «Weiße Juden», in: *Die Zeit*, 19. 4. 1991.
* Schurz, Gerhard: Evolution in Natur und Kultur, Berlin 2011.
* Schwartz, Barry u. a.: The Recovery of Masada: A Study in Collective Memory, in: *The Sociological Quarterly*, Vol. 27, No. 2 (1986), S. 147–164.
* Sietz, Henning: Churchills beste Gans im Stall, in: *Die Zeit*, No. 22, 2012.
* Singer, Dorothea W.: The Cosmology of Giordano Bruno (1548–1600), in: *Isis*, Vol. 33, No. 2 (1941), S. 187–196.
* Sonar, Thomas: Die Geschichte des Prioritätsstreits zwischen Leibniz und Newton, Berlin 2016.
* Spiegel, Hubert: Rabe Brecht, in: *Frankfurter Allgemeine Zeitung*, 20. 02. 2015.
* Stockrahm, Sven: Zwei Chaoten knacken die DNA, in: *Die Zeit*, 25. 04. 2013.
* Thompson, Benjamin: Bemerkung über das eigenthümliche Gesetz, wonach erkaltendes Wasser [...], in: *Annalen der Physik* (1799).

* Tóibín, Colm: I Could Sleep with All of Them, in: *London Review of Books*, Vol. 30, No. 21 (2008).

* Trevor-Roper, Hugh: The Invention of Tradition: The Highland Tradition of Scotland, in: Eric Hobsbawm und Terence Ranger (Hg.): The Invention of Tradition, Cambridge 1983.

* Unbekannter Autor: Edison's Illuminators, in: *New York Herald*, 05. 09. 1882.

* van Marum, D.: Experimente über verschiedene Gegenstände, in: *Annalen der Physik* (1799).

* van Marum, D.: Fortgesetzte Versuche über den Einfluss der Electrizität auf den Puls und die unmerkliche Ausdünstung, in: *Annalen der Physik* (1799).

* Wazeck, Milena: Wer waren Einsteins Gegner?, in: *Aus Politik und Zeitgeschichte*, No. 25–26 (2005).

* Weinfurter, Stefan: Canossa: die Entzauberung der Welt, München 2006.

* Wertsch, James V.: The Narrative Organization of Collective Memory, in: *Ethos*, Vol. 36, No. 1 (2008), S. 120–135.

* Wieczorek, Alfried et al. (Hg.): Die Medici. Menschen, Macht und Leidenschaft, Regensburg 2013.

* Winterling, Aloys: Caligula. Eine Biographie, München 2003.

* Wolf, Jürgen: Plagiat im Mittelalter, in: *Mitteilungen des Deutschen Germanistenverbandes* (2015).

* Zerubavel, Yael: The Death of Memory and the Memory of Death: Masada and the Holocaust as Historical Metaphors, in: *Representations*, No. 45 (1994), S. 72–100.

* Zerubavel, Yael: The Politics of Interpretation: Tel Hai in Israel's Collective Memory, in: *AJS Review*, Vol. 16, No. 1/2 (1991), S. 133–160.